開動！
TOBY
漫畫夜市美食
台北篇

作者的話
今天天氣
晴
亮
承蒙各位抬愛與慧眼
購買了「Toby漫畫夜市美食」一書
good!
托比真是萬分感動!!!
這本夜市美食漫畫，可是充滿辛酸的血淚。
慘案
血淚如下：
1.畫作的數位檔壞掉過一次
打擊
硬碟！你醒醒啊！
喵
2.相機也在創作的尾聲時，慘遭小偷的光顧！
3.變胖…
創作前
創作後

不過,相信這些犧牲是值得的!

Taipei

這次的創作,是以台北市做為漫畫的主軸,原本以為台北這麼小,應該是能輕而易舉地就完成。不過一著手準備才發現……

夜市在台北身上所注入的活力與視野,實在超乎托比所見所想。

夜市,好吃

所以,讓托比透過漫畫,帶大家一窺台北夜市攤子的面貌吧!

2008 台北自宅

TOBY 托比

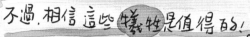

Part 1. 饒河街觀光夜市

Part 2. 士林觀光夜市

Part 3.
師大夜市

Part 4.
景美觀光夜市

Part 5.
華西街觀光夜市

Part 1. 饒河街觀光夜市

饒河街觀光夜市，
位於台北市松山區，
上百家美味小吃攤是
饒河街夜市最誘人之處。
入口兩端各設一座牌樓，
並有吉祥物大型貓頭鷹銅像矗立，
象徵夜市攤商日落而做，
極具特色。

藍世界
欣麗美姿
魯
饒河街觀光夜市
Raohe St. Night Market
松山皮鞋店
休閒廣場
禁止停車

"胡椒餅"

胡椒餅？是灑了許多胡椒的餅嗎？那豈不是很辣？
其實胡椒餅是源自中國福州地區、包著豬肉餡的烤餅，在台灣也很受歡迎。
福州小吃除了福州傻瓜麵、福州魚丸外，福州胡椒餅是最有名的。
胡椒餅裡面有蔥有肉，最早的名稱是蔥肉餅，但是因為來自福建福州，
所以也稱為福州餅。蔥肉餅裡面香濃的青蔥、帶著微辣的胡椒味，
漸漸胡椒餅就取代了蔥肉餅，成為大家通俗的稱呼。
此外，台語的胡椒和福州發音相近，試著把「胡椒」跟「福州」用台語唸唸看，
聽起來是不是真的很像啊！

第一次吃胡椒餅，是在我大學畢業後，在公司的社內下午茶會見識到胡椒餅的滋味。
依我吃食的習慣，接過同事遞來的胡椒餅，自然是先來一大口……
顯然的，這個習慣不適用在胡椒餅上。
滾燙鮮甜的肉餡一入口，嘴裡就被熱氣給燙得受不了，忍不住連皮帶餡吐了出來。
不過，嗅著胡椒餅的破口，那冒出的熱氣夾帶一點淡淡的肉香、蔥香，還有胡椒香氣。
麵皮一層一層，有著香脆口感，而那內餡裡的湯汁，
濃濃地填滿整個味蕾。這一燙，讓我愛上了胡椒餅。
寒風咻咻的冬天，吃上幾塊熱呼呼胡椒餅，餅皮烤得酥脆，肉餡油汁甜美，辣味蔥香，
瞬時口齒生津，通體舒暖，實在是人生一大樂事也！

不鏽鋼屋頂
即便是平常日，排隊人潮依然絡繹不絕。
帆布
胡椒餅
許多的媒體報導貼在這裡
抽風管
收錢的包包是名牌（LV）

媽媽我鼻水流下來了。
來！面紙來了！

你看這是我剛剛拍的照片喔。
還要多久？
就快輪到我了。
地陪
這女生的包包怎麼那麼大一個。
哈哈哈
撞
你先去拍照兼訪問吧！排隊的事就交給我。
哇！真是太謝謝你了！那我就趕快過去囉！
有地陪果然是不一樣。
感覺真是大開眼界，沒想到非假日，這個攤子還可以吸引這麼多的人潮。
先趕緊做速寫。

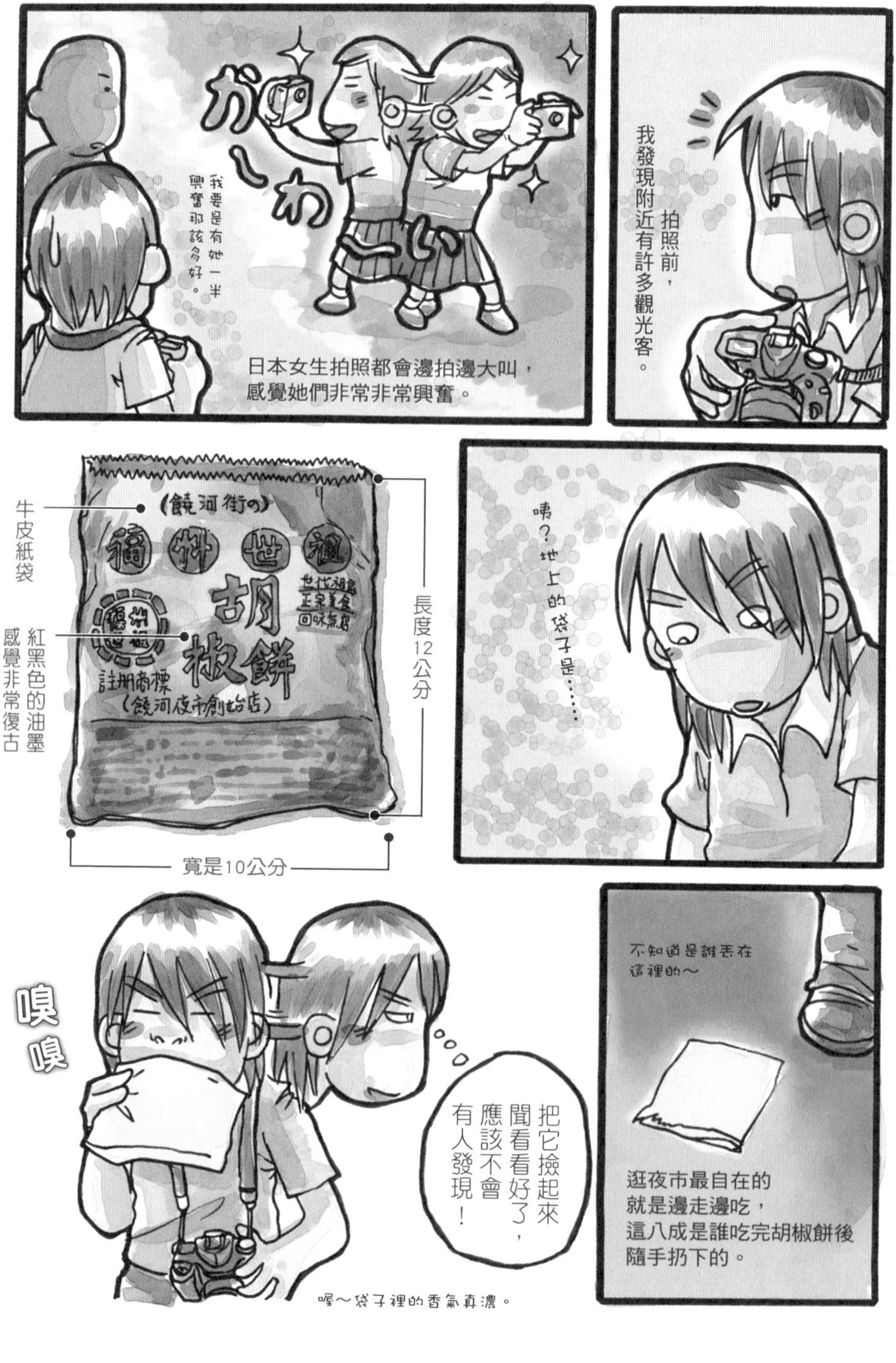
か～わ～い
我要是有她一半興奮那該多好。
日本女生拍照都會邊拍邊大叫，
感覺她們非常非常興奮。
拍照前，
我發現附近有許多觀光客。
牛皮紙袋
紅黑色的油墨感覺非常復古
(饒河街の)
福州世祖
胡椒餅
世代祖傳
正宗美食
回味無窮
註冊商標
(饒河夜市創始店)
長度12公分
寬是10公分
咦？地上的袋子是……
不知道是誰丟在這裡的～
逛夜市最自在的
就是邊走邊吃，
這八成是誰吃完胡椒餅後
隨手扔下的。
嗅嗅
把它撿起來聞看看好了，應該不會有人發現！
喔～袋子裡的香氣真濃。

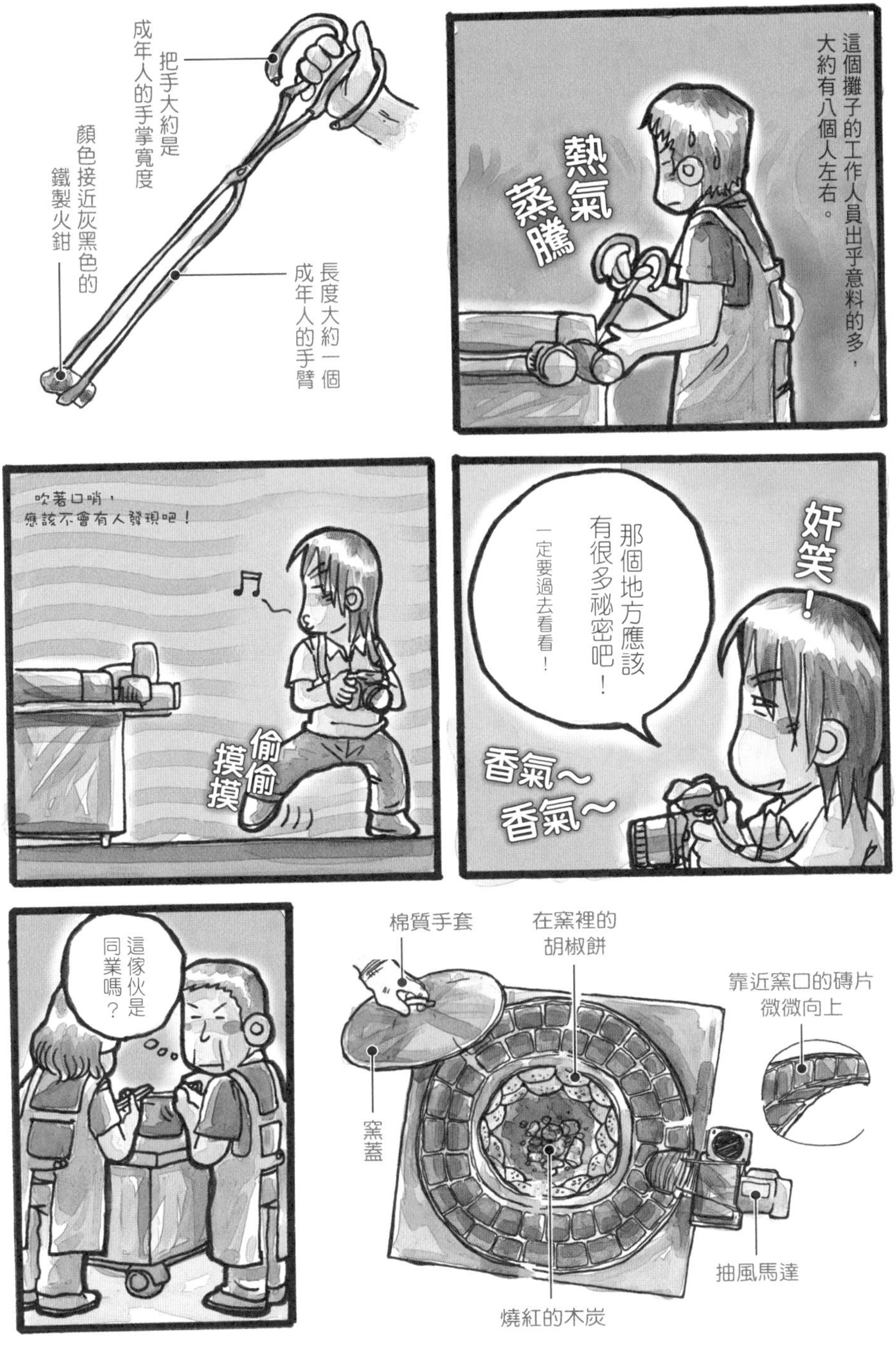

把手大約是成年人的手掌寬度
顏色接近灰黑色的鐵製火鉗
長度大約一個成年人的手臂
這個攤子的工作人員出乎意料的多，大約有八個人左右。
熱氣蒸騰
奸笑！
那個地方應該有很多祕密吧！
一定要過去看看！
香氣～香氣～
吹著口哨，應該不會有人發現吧！
偷偷摸摸
這傢伙是同業嗎？
棉質手套
在窯裡的胡椒餅
靠近窯口的磚片微微向上
窯蓋
抽風馬達
燒紅的木炭

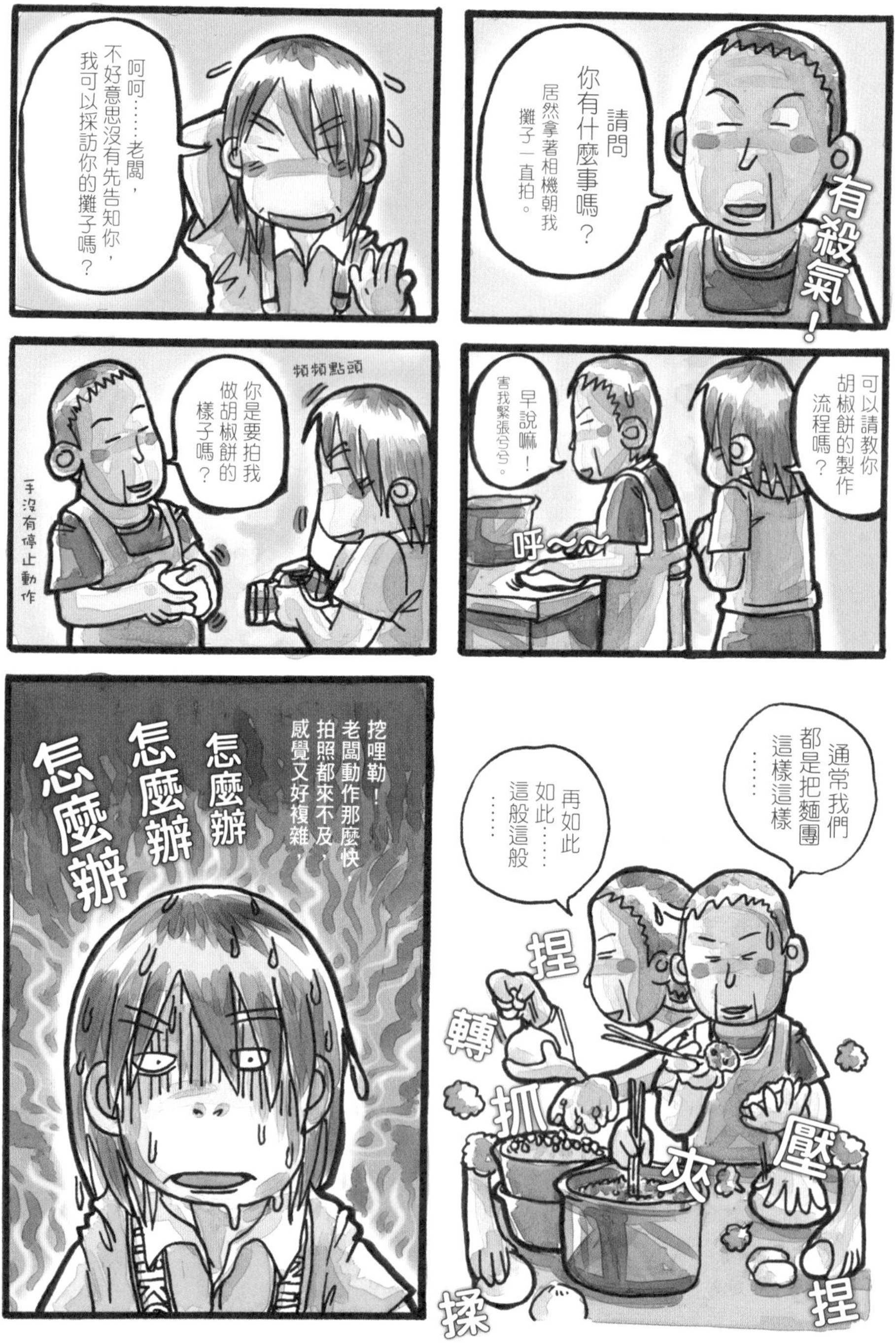
呵呵……老闆，不好意思沒有先告知你，我可以採訪你的攤子嗎？
請問你有什麼事嗎？
居然拿著相機朝我攤子一直拍。
有殺氣！
你是要拍我做胡椒餅的樣子嗎？
頻頻點頭
手沒有停止動作
可以請教你胡椒餅的製作流程嗎？
早說嘛！
害我緊張兮兮。
呼～～
挖哩勒！老闆動作那麼快，拍照都來不及，感覺又好複雜，
怎麼辦
怎麼辦
怎麼辦
通常我們都是把麵團這樣這樣……
再如此如此……這般這般……
捏
轉
抓
夾
壓
揉
捏

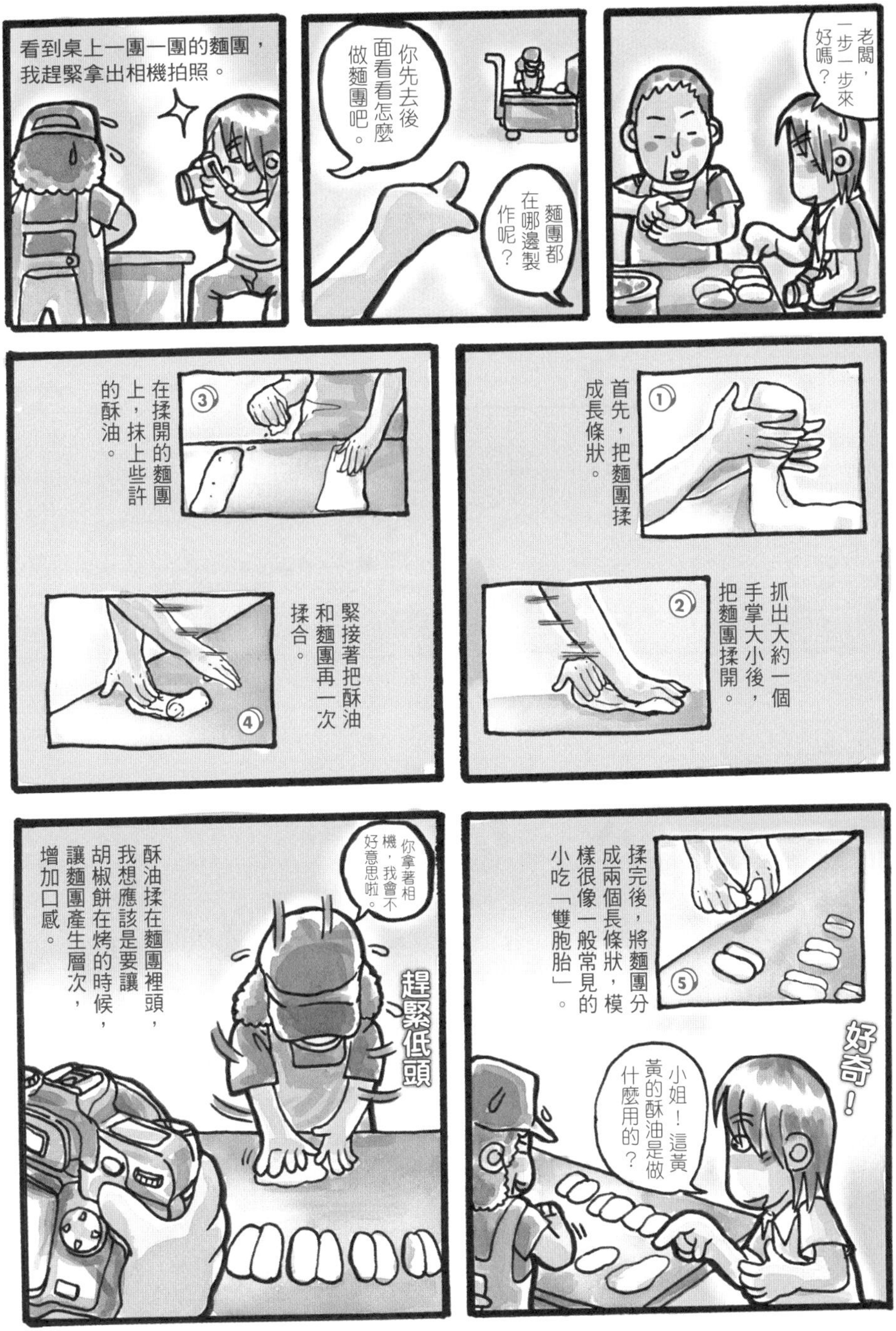
老闆，一步一步來好嗎？
麵團都在哪邊製作呢？
你先去後面看看怎麼做麵團吧。
看到桌上一團一團的麵團，我趕緊拿出相機拍照。
①
首先，把麵團揉成長條狀。
②
抓出大約一個手掌大小後，把麵團揉開。
③
在揉開的麵團上，抹上些許的酥油。
④
緊接著把酥油和麵團再一次揉合。
⑤
揉完後，將麵團分成兩個長條狀，模樣很像一般常見的小吃「雙胞胎」。
好奇！
小姐！這黃黃的酥油是做什麼用的？
你拿著相機，我會不好意思啦。
趕緊低頭
酥油揉在麵團裡頭，我想應該是要讓胡椒餅在烤的時候，讓麵團產生層次，增加口感。

這樣應該就差不多了吧！
趕快進行下一個步驟！到老闆那邊看看。
接著要請教胡椒餅的製作流程囉！
那我做慢一點，如果太快了，你要跟我說！
①
把先前和入酥油揉好的麵團壓成圓餅狀。
肉餡通常會放比較多，因為烤的時候餡會縮小。
②
接著在麵團上面放入非常非常多的肉餡。
③
再來就是放上一大把的蔥花。
以順時鐘方向把麵皮慢慢的往上收。收尾之後，拔下一小搓麵團，這就是所謂的收口。
④
⑤
哇！皮薄餡多，這樣也收得起來。好功夫！
刷上水才好沾黏芝麻，也讓麵團容易貼在窯壁上。
⑥
緊接著就是在麵團表面刷上一層水。

沿著窯壁一一的把胡椒餅麵團貼上。

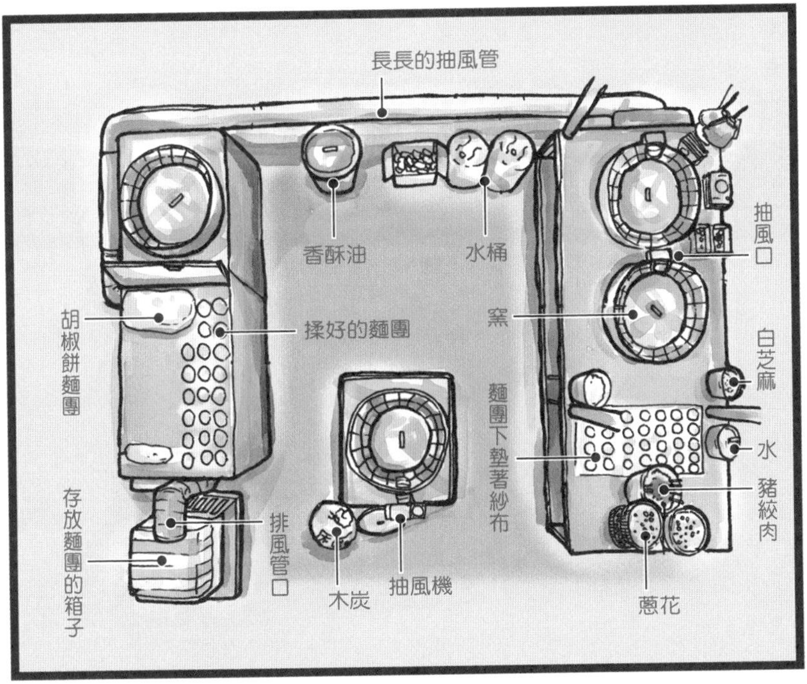

“甘泉豆花”

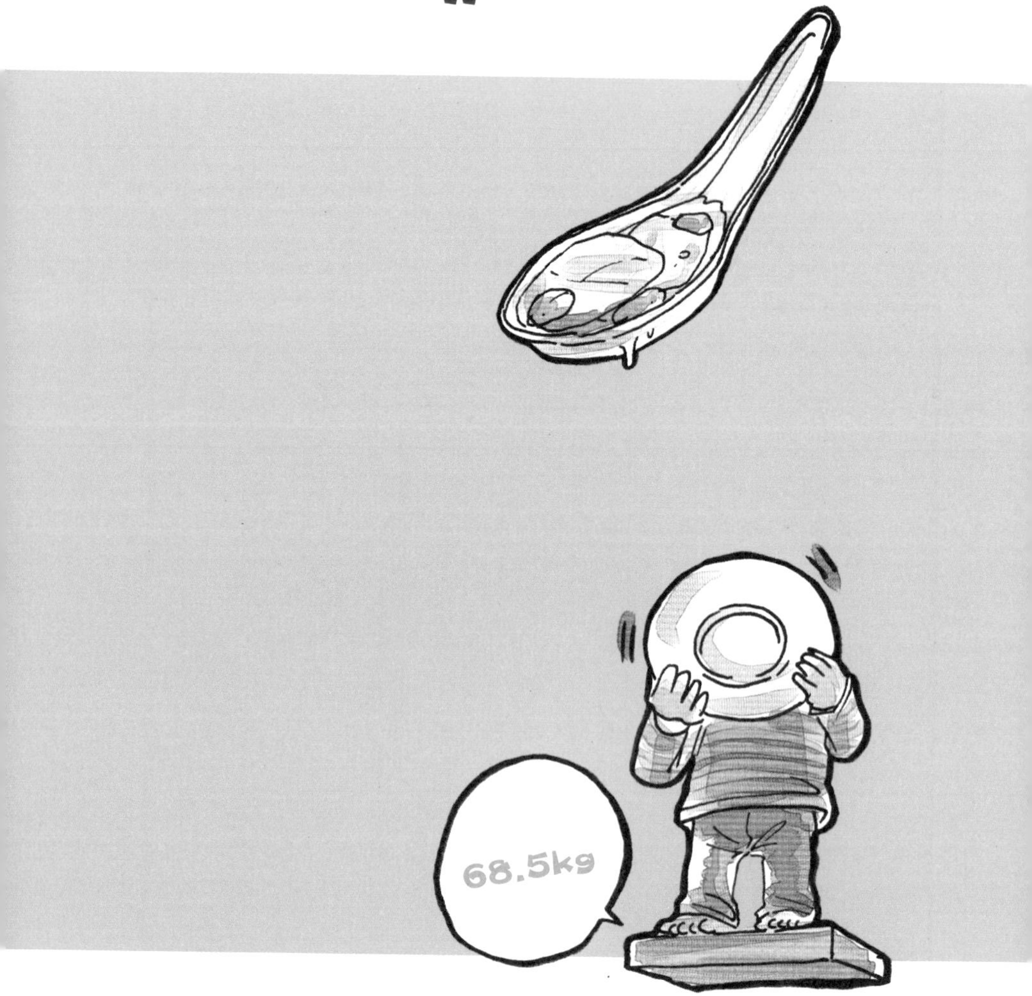

已是晚上九點多了，我還沒吃晚飯。
把該做的事告一段落，才發覺好像有點餓了。
冷冷的天，我直覺地就想吃碗熱呼呼的豆花。
坦白說，以前我從沒有想過這世上還有這麼簡單卻令人回味無窮的飲食。
不過就是幾瓢豆花、些許軟花生和糖水組合而成的湯品，
但是三者搭配一起，滋味就完全不一樣了。
第一次讓我嘗到豆花這簡單滋味的是曾祖母。
小時候，曾祖母偶爾會在暑假期間到家中與我們同住。
旅居台北的時光，曾祖母常會上市場買豆花。在廚房把糖和著薑一起熬煮糖水。
接著用湯瓢小心翼翼地切挖著豆花片，
放入唐青瓷的碗公，配上二匙放涼後的薑糖水，再用小台的刨冰機，
喀滋喀滋地刨出細碎的冰，灑在豆花上，就完成了自家製豆花湯。
曾祖母一口，我也分著一口，我口裡有糖水的蜜，有豆香，
口裡的豆花像是以我為圓心般地旋轉著。頓時我覺得自己好幸福，
有豆花吃，有曾祖母陪。
生命的美好片段，就是和曾祖母合吃一碗豆花。

老闆是桃園觀音鄉甘泉人，因此將店名取為「甘泉豆花」。
甘泉豆花
粉圓
綠豆湯
每碗25元
穿過人潮擁擠的夜市，發現這家豆花攤，竟然開在藥房前面！
台灣夜市裡果然什麼都有，什麼都不奇怪。
這一家很有名哦～
好～～
爸爸，我要吃花生的。
甘泉豆花
老闆，我要一份花生豆花！

我發現台灣的許多夜市攤子，椅子都是塑膠製的。
這個椅子是粉紅色的，想必跟老闆娘是女的有關吧！

老闆娘出乎意料的年輕。
咦？這整個攤子只有老闆娘一個人顧嗎？

這個是饒河街夜市的LOGO
嘿嘿嘿
一直看著那邊好嗎？
老闆娘，這裡每個攤子的老闆圍巾上，好像都有這個貓頭鷹ㄟ。
貓頭鷹是饒河街夜市的吉祥物，貓頭鷹為夜行動物，就像我們這些夜市攤販，晚上才出來工作。
快拿出紙筆記下
呵呵
老闆娘，不好意思，請問我可以採訪你並且拍照嗎？
會拍到我嗎？
疑惑
故意把相機拿到胸前
哦呵呵呵呵
會拍到我嗎？要拍漂亮一點喔！有什麼需求就告知我，我會配合你。
果然天下的女生都是一樣的，看到相機都會很興奮。
呼~
是不是要告訴老闆娘，我是畫漫畫的，書裡不會有照片啊~~

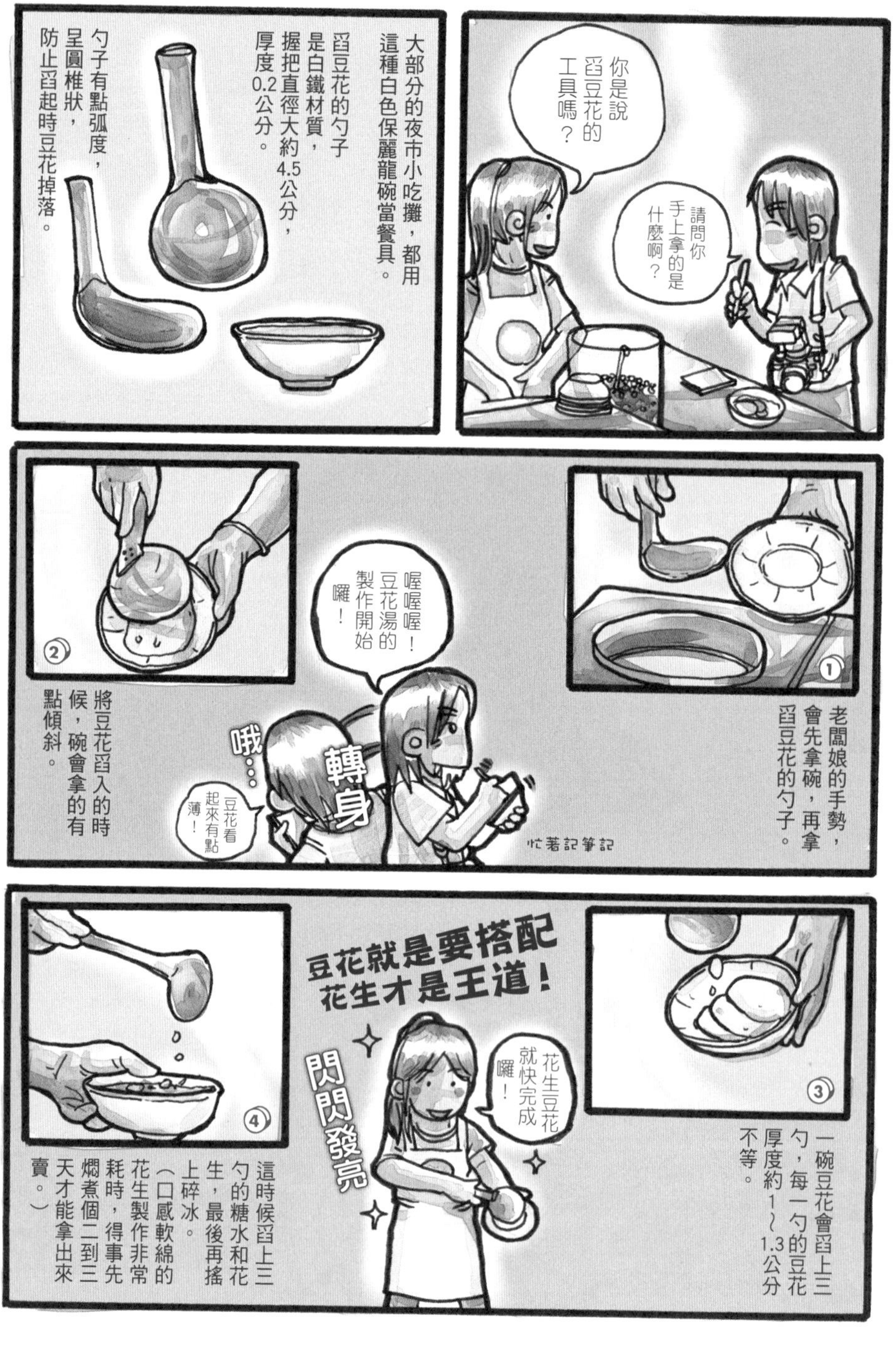

請問你手上拿的是什麼啊？
你是說舀豆花的工具嗎？
大部分的夜市小吃攤，都用這種白色保麗龍碗當餐具。
舀豆花的勺子是白鐵材質，握把直徑大約4.5公分，厚度0.2公分。
勺子有點弧度，呈圓椎狀，防止舀起時豆花掉落。
①
老闆娘的手勢，會先拿碗，再拿舀豆花的勺子。
喔喔喔！豆花湯的製作開始囉！
轉身
忙著記筆記
哦……
豆花看起來有點薄！
②
將豆花舀入的時候，碗會拿的有點傾斜。
③
一碗豆花會舀上三勺，每一勺的豆花厚度約1～1.3公分不等。
豆花就是要搭配花生才是王道！
花生豆花就快完成囉！
閃閃發亮
④
這時候舀上三勺的糖水和花生，最後再搖上碎冰。（口感軟綿的花生製作非常耗時，得事先燜煮個二到三天才能拿出來賣。）

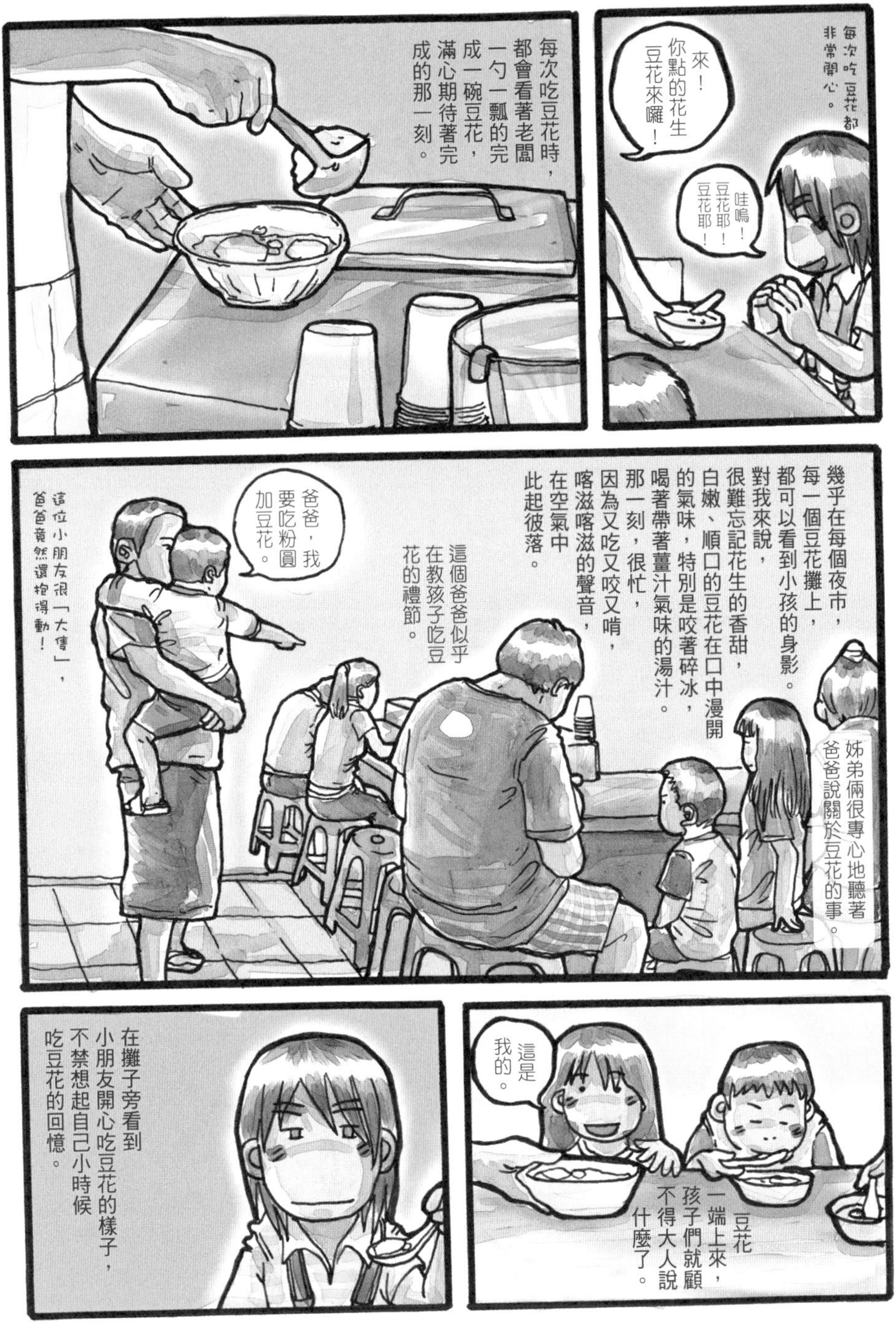
每次吃豆花都非常開心。
來！你點的花生豆花來囉！
哇嗚！豆花耶！豆花耶！
每次吃豆花時，都會看著老闆一勺一瓢的完成一碗豆花，滿心期待著完成的那一刻。
幾乎在每個夜市，每一個豆花攤上，都可以看到小孩的身影。對我來說，很難忘記花生的香甜，白嫩、順口的豆花在口中漫開的氣味，特別是咬著碎冰，喝著帶著薑汁氣味的湯汁。那一刻，很忙，因為又吃又咬又啃，喀滋喀滋的聲音，在空氣中此起彼落。
姊弟倆很專心地聽著爸爸說關於豆花的事。
這個爸爸似乎在教孩子吃豆花的禮節。
爸爸，我要吃粉圓加豆花。
這位小朋友很「大隻」，爸爸竟然還抱得動！
這是我的。
豆花一端上來，孩子們就顧不得大人說什麼了。
在攤子旁看到小朋友開心吃豆花的樣子，不禁想起自己小時候吃豆花的回憶。

迫不及待。
哈哈！趕快吃一口再說吧。
看到豆花，嘴饞的把正事都忘了。
咦，你不是要先拍照嗎？
哎喲！我差點都忘了！
地陪
看著碎冰、花生、豆花和糖水組合的畫面，感覺真是和諧。
趕緊先把這豆花拍下來吧！
鏡頭
壓到
不過就在拍完照後，發生了一個意外。
啊啊啊！倒了倒了倒了！怎麼辦？
不會吧！
這個人真的是來採訪的嗎？感覺真是超不專業！連吃個豆花都會打翻，這樣他的照片會拍得漂亮嗎？

糟糕，豆花竟然掉到我褲子上。
真是尷尬的位置
更糟糕的是……
沒想到會發生這樣的意外。
急急忙忙
採訪過程發生這樣的事，真是丟臉。
趁現在擦應該不會有人發現！

趕快把它擦掉！
結果大家都在看！
這人太天真了，以為沒有人看到。
你要不要用抹布比較快啊……
嗚嗚嗚……一整碗的豆花，現在只剩下一點點了。
我到底是來吃豆花還是做清潔工的。
這是孩子的爸爸
你們看清楚了，以後吃豆花不可以像那個人一樣。

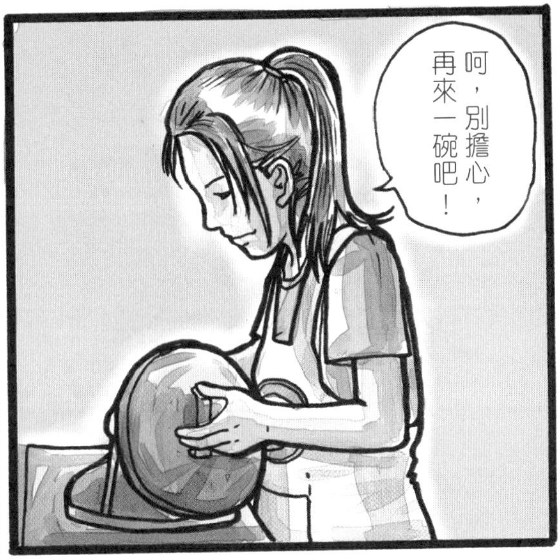
呵，別擔心，再來一碗吧！

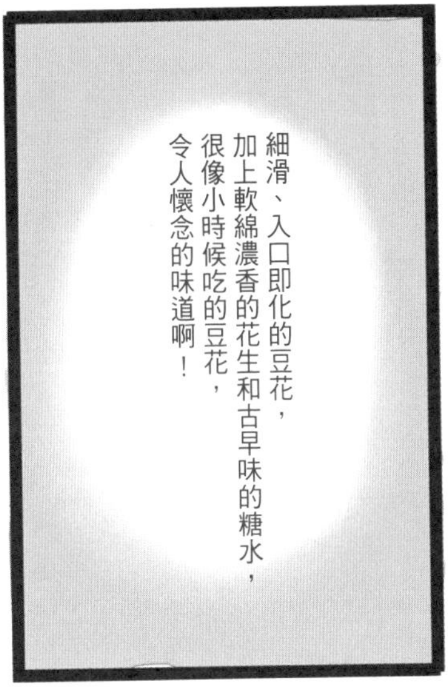
細滑、入口即化的豆花，加上軟綿濃香的花生和古早味的糖水，很像小時候吃的豆花，令人懷念的味道啊！

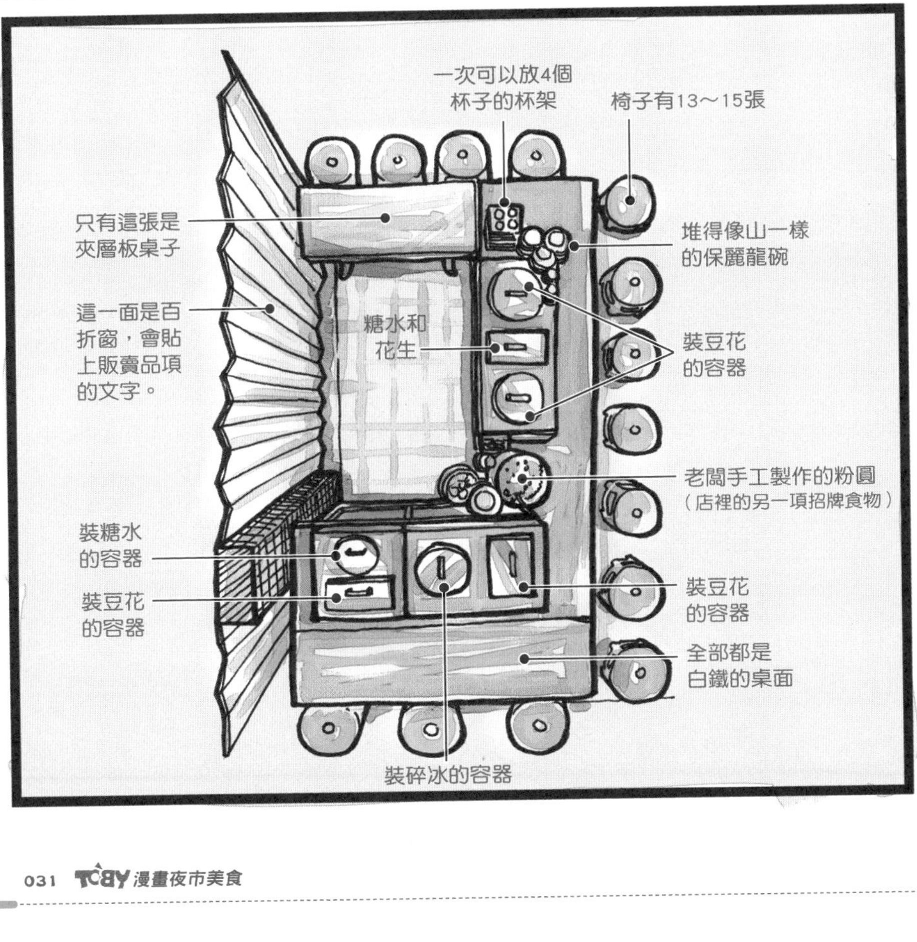
一次可以放4個杯子的杯架
椅子有13～15張
只有這張是夾層板桌子
堆得像山一樣的保麗龍碗
這一面是百折窗，會貼上販賣品項的文字。
糖水和花生
裝豆花的容器
老闆手工製作的粉圓（店裡的另一項招牌食物）
裝糖水的容器
裝豆花的容器
裝豆花的容器
全部都是白鐵的桌面
裝碎冰的容器

光市場

Part 2.

士林觀光夜市

士林夜市，以大餅包小餅、蚵仔煎等集合大江南北小吃吸引觀光客前往大快朵頤，平實的價格，更是消費者的最佳首選地標。

“吉利生炒花枝”

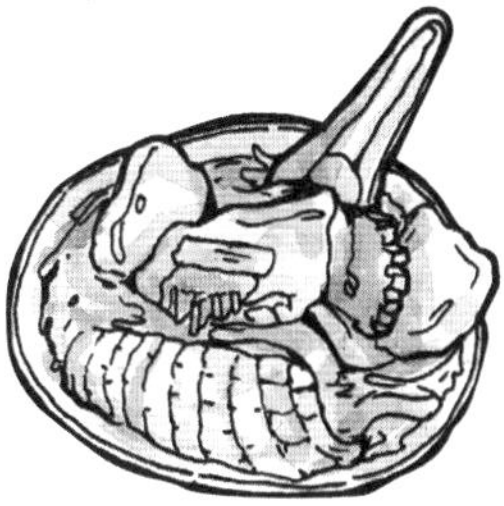

在士林夜市裡繞了一圈後，意外地在靠進入口處的生炒花枝羹攤上，
看到老闆正準備大火快炒花枝。我站定沒多久，身旁也有些人跟著觀賞，
也許和我一樣，想一窺生炒花枝的烹調過程。
老闆開啟大火後，迅速地挖起一匙豬油往炒鍋放下，同時把蔥、洋蔥拌炒，
瞬間，豬油的香氣就衝了上來。倒入米酒後，爐上的火苗點燃酒氣，
熱燙的鍋子，讓大火瞬間上竄。
接著一大袋白花花的花枝往鍋裡放，翻炒後再加入調味料和高湯，
老闆立刻轉至小火，蓋上鍋蓋燜煮。
沒一會兒功夫，掀開鍋蓋淋上芡汁，
再轉至大火翻撈到滾沸就大功告成了。
我心裡不由得驚呼，不到十分鐘的時間，眼前的生炒花枝就香氣四溢地向我招手。
身旁的人都走了，老闆注意到我，看我好奇，也開口對我說話。
「你看我怎麼炒，相信你也會了吧，但是料理好不好吃，關鍵在於食材是不是新鮮。」
我認同。
真正好吃的料理，其實不需繁雜的料理手法、醬汁，
最簡單的烹調，反而能吃到食物的原味。

生炒花枝
咖哩雞
35 40
滷肉飯
30
冷氣開放
生炒花枝羹為士林夜市頗負盛名的美食。到夜市吃東西，就是在小小的空間，看著周邊坐滿了人，如果是一個人來，大概也都會被這熱鬧的景象給溫暖了。
要不要再來一份？
對許多情侶來說，到夜市吃東西是讓情感加溫的開始。

隔壁桌的生炒花枝羹是哪來的？
咦。
要啊要啊，在哪裡點呢？
呵呵
要吃生炒花枝嗎？

工作人員的口音聽起來像大陸人。
你往前走，轉角的那一家就是了。
老闆戴著小白帽。

SINCE1968
生炒花枝50
蚵仔煎 40
本店另有雅座
「吉利生炒花枝」是士林夜市裡有著悠久歷史的著名小吃，看看招牌上頭寫著Since1968開始營業，不得不配服老闆的用心經營喔！

雖然店名是生炒花枝，但店家除了生炒花枝羹之外，也賣蚵仔煎、咖哩飯和紅燒鰻魚等等夜市美食。
現在的老闆是第三代傳人，爺爺和爸爸將攤子傳給現在的戴老闆。
綁著馬尾的老闆，感覺很有個性。
老闆，可不可以採訪你的攤子呢？
呵呵
哦？採訪，你是哪間大學的？
不要影響我做生意就可以。
老…老闆，你說我像大學生？
有問題儘管問吧！
哈哈哈
大學都畢業三、四年的人了。
這個傢伙在笑什麼？
今天是為我的新書來採訪啦！
老闆，這麼多家生炒花枝店聚集在市場內，你的店和其他家有什麼不同嗎？
噗
哦？呵呵…看來你還不清楚……

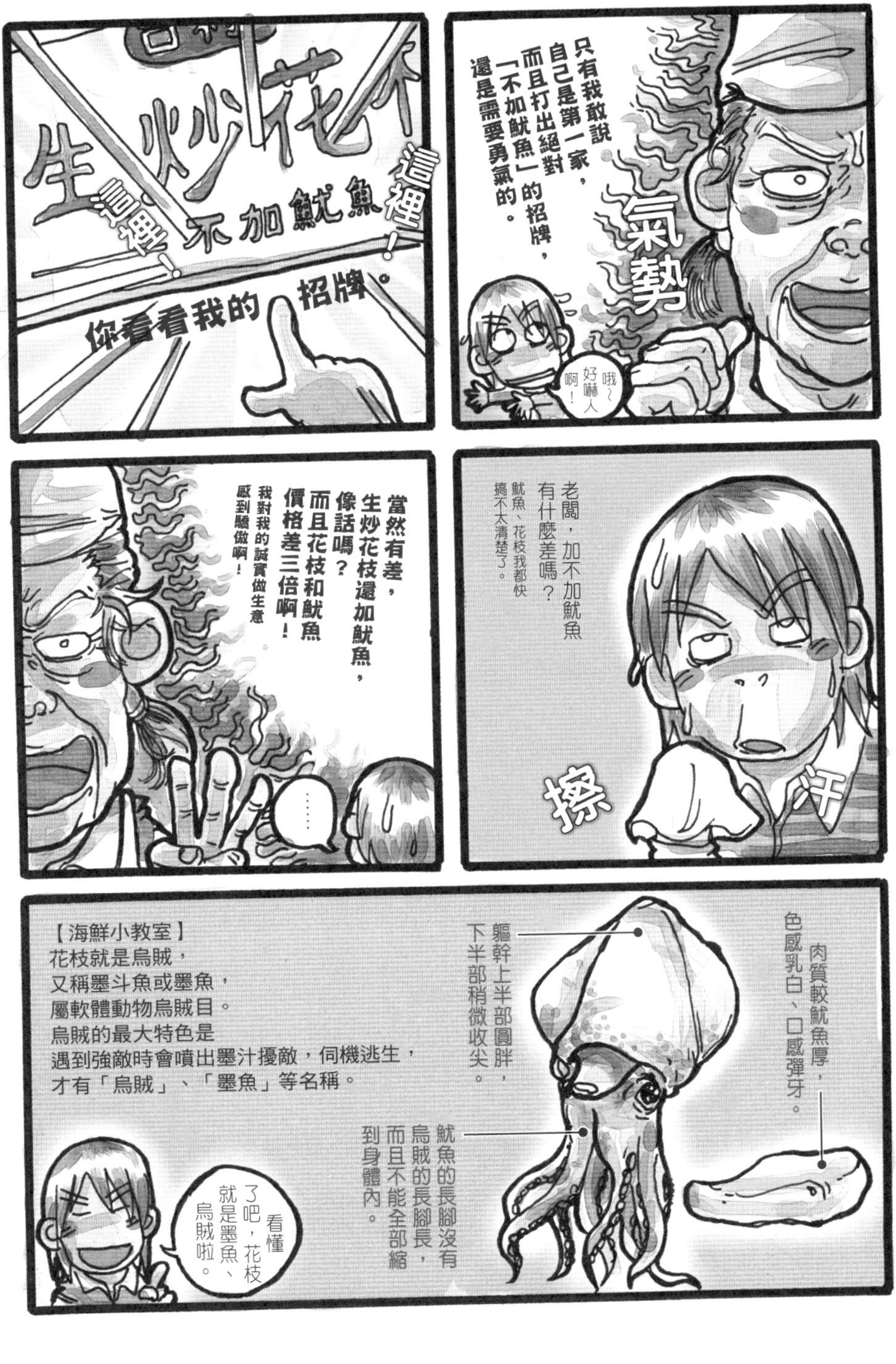
生炒花枝
不加魷魚
這裡！
這裡！
你看看我的招牌。
只有我敢說自己是第一家，而且打出絕對「不加魷魚」的招牌，還是需要勇氣的。
氣勢
哦～好嚇人啊！
老闆，加不加魷魚有什麼差嗎？
魷魚、花枝我都快搞不太清楚了。
擦汗
當然有差，生炒花枝還加魷魚，像話嗎？而且花枝和魷魚價格差三倍啊！
我對我的誠實做生意感到驕傲啊！
……
【海鮮小教室】
花枝就是烏賊，
又稱墨斗魚或墨魚，
屬軟體動物烏賊目。
烏賊的最大特色是
遇到強敵時會噴出墨汁擾敵，伺機逃生，
才有「烏賊」、「墨魚」等名稱。
軀幹上半部圓胖，下半部稍微收尖。
肉質較魷魚厚，色感乳白、口感彈牙。
魷魚的長腳沒有烏賊的長腳長，而且不能全部縮到身體內。
看懂了吧，花枝就是墨魚、烏賊啦。

市場上常見的魷魚都是發泡過的乾魷魚，肉身顏色偏黃。
魷魚身體狹長，有點像標槍的槍頭，所以又叫槍烏賊。
魷魚，
又稱柔魚或槍烏賊，亦屬軟體動物。
身體細長，呈長錐形，
有十隻觸腕，其中兩隻較長。
魷魚夜晚喜光，漁民捕捉時，
會用燈光誘其浮上水面，
再用網撈起捕捉。
魷魚肉質鮮美，
曬乾後燒烤更是美味。
做成魷魚羹也很好吃咧。
敢把我扯進來！
別把我和其他長腳的搞混！
章魚，又稱八爪魚，
有八條靈敏的觸腕，
每條觸腕上約有三百多個吸盤，
只要被牠的觸腕纏住，就很難脫身了。
跟烏賊一樣，一查覺有敵情，
也會噴射墨汁掩藏自己，
趁機觀察周圍情況，
準備進攻或撤退。
啊
啊
唔……我知道你是八腳不是十腳……
動
動
這樣一來，想必大家都搞懂了吧。我可是花了很大的力氣整理～
還搏命演出咧！
呼
老闆，那你的花枝是從哪來的？怎麼料理？
每天早上從基隆運過來，都是我親自挑選，平均一天要批個兩百四十斤。
基隆

首先在鍋內放入豬油。
托比我很喜歡豬油的氣味，很香。
中華料理的特色就是以大火快炒來保持食材的滑嫩。
再放入蔥、洋蔥拌炒。
放一點辣油。（並非大家以為的沙茶。）
汗
汗
扣
轟~
再加些豬油。
放入花枝、竹筍和紅蘿蔔。
噗
噗
嗚哇~
閃
喀
扣
翻炒一分鐘。

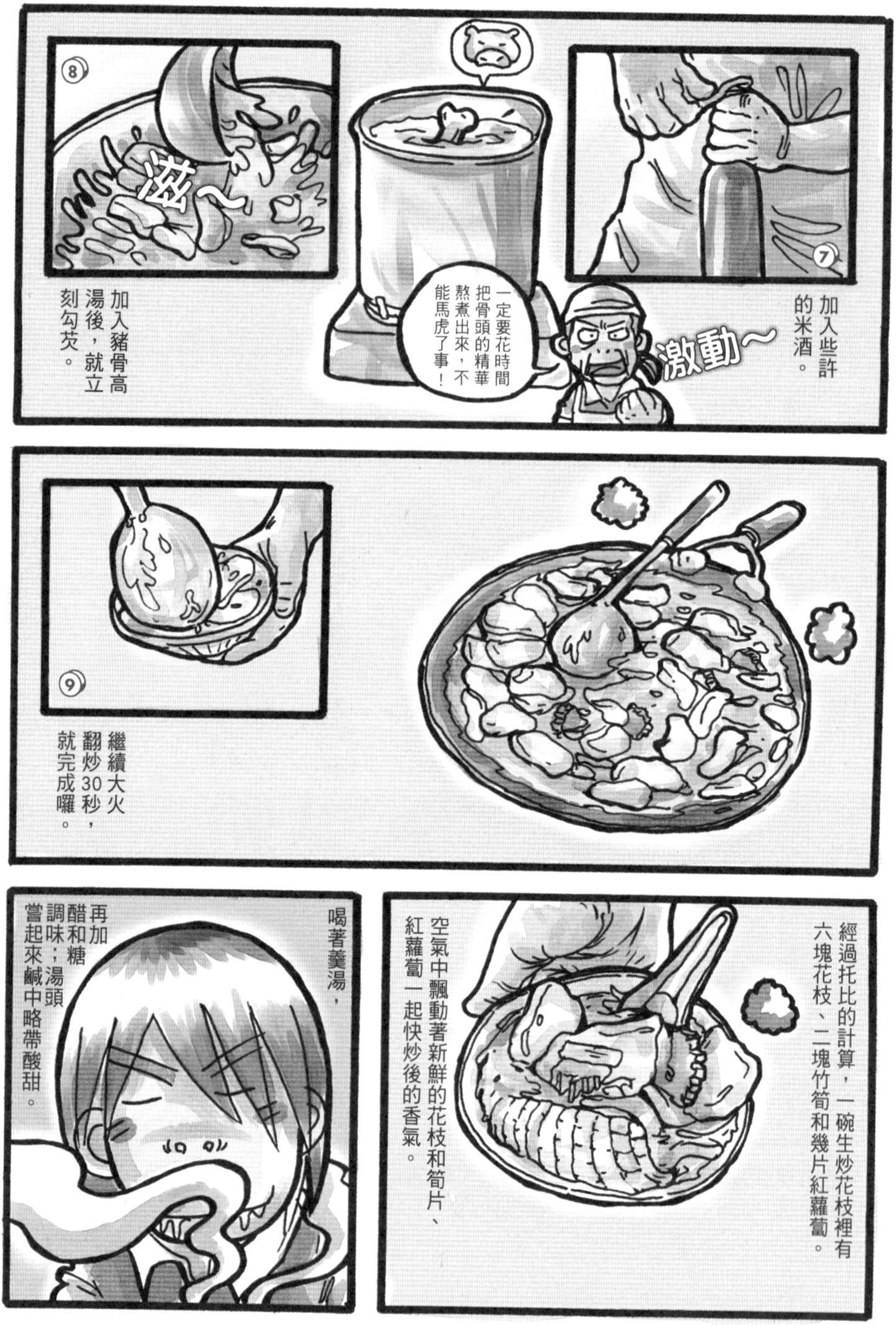

加入些許的米酒。
激動～
一定要花時間把骨頭的精華熬煮出來，不能馬虎了事！
滋～
加入豬骨高湯後，就立刻勾芡。
繼續大火翻炒30秒，就完成囉。
經過托比的計算，一碗生炒花枝裡有六塊花枝、二塊竹筍和幾片紅蘿蔔。
空氣中飄動著新鮮的花枝和筍片、紅蘿蔔一起快炒後的香氣。
喝著羹湯，
再加醋和糖調味；湯頭嚐起來鹹中略帶酸甜。

吃著口感軟嫩又彈牙的花枝，
鮮嫩爽口的筍片，
喝著用大骨熬製的高湯，
花枝的鮮和香混合口中，
滿口筍子鮮香美味，
真是令人回味無窮啊！
等會再去吃老闆妹妹的蚵仔煎吧！

看著其他人簌嚕簌嚕地大口吃著，
自己嘴裡的食物似乎也更美味了。

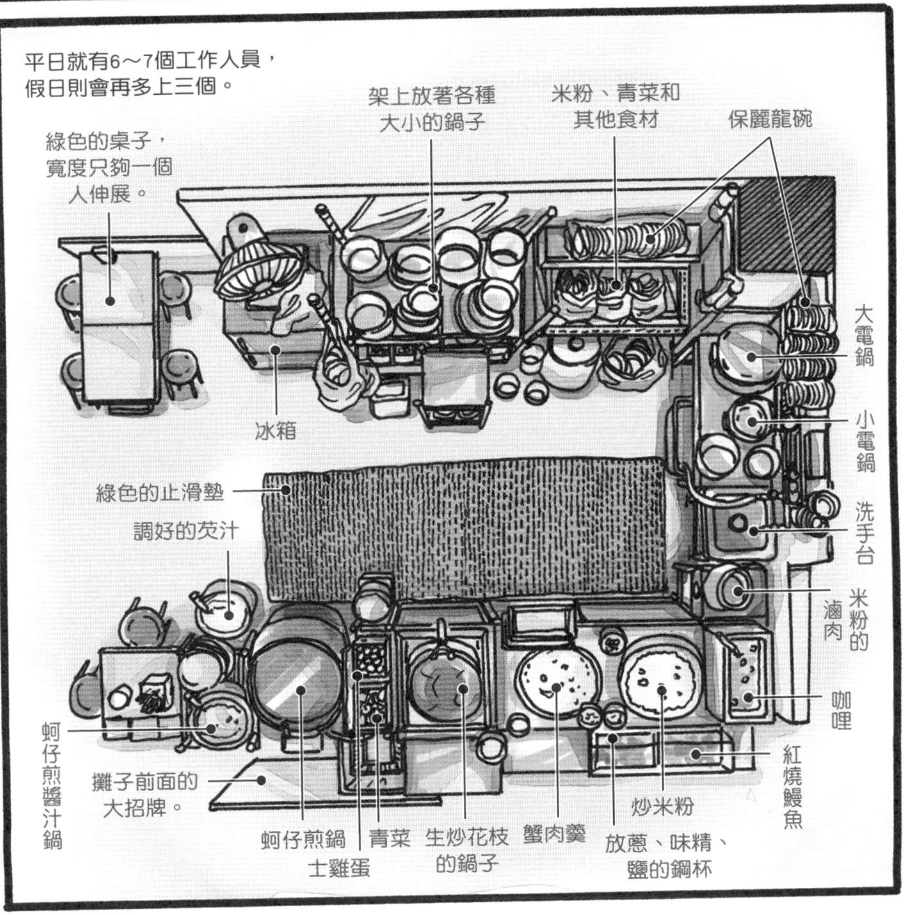
平日就有6～7個工作人員，
假日則會再多上三個。
綠色的桌子，
寬度只夠一個
人伸展。
架上放著各種
大小的鍋子
米粉、青菜和
其他食材
保麗龍碗
冰箱
大電鍋
小電鍋
綠色的止滑墊
洗手台
調好的芡汁
米粉的滷肉
咖哩
蚵仔煎醬汁鍋
攤子前面的
大招牌。
紅燒鰻魚
炒米粉
蚵仔煎鍋
青菜
生炒花枝
的鍋子
蟹肉羹
放蔥、味精、
鹽的鋼杯
土雞蛋

“蚵仔煎”

蚵仔煎早期的名字叫「煎食追」，
是台南安平地區一帶，老一輩人都知道的傳統點心，
是以番薯粉漿包裹蚵仔、豬肉、香菇等食材煎成的餅狀物。
「煎食追」相傳是鄭成功故鄉福建南安地區的食品。
當年他驅逐荷蘭人時攜帶的糧食不多，徵集到的糧食只夠軍隊半年所用。
端午節無米可包粽子，為支援軍隊作戰所需，
鄭成功教軍民收集米漿、番薯粉、海鮮做成油煎糕代替米粽，象徵性過端午節。
為感念鄭成功驅逐荷蘭人，安平地區每逢端午節就以「煎食追」紀念國姓爺，
「煎食追」成了安平人端午節特有的節慶食品。
曾祖母是福建人，雖然長年住在台北，但她念念不忘的食物卻是蚵仔煎。
託她的福，讓我兒時就得以享受蚵仔煎的滋味。
那時候年紀小，直想蚵仔這玩意灰灰的，煮起來能吃嗎？
對蚵仔的外觀和氣味的倒胃感，直到吃過蚵仔煎之後才全然改觀。
說來微妙，不起眼的番薯粉水就是能巧妙地將肥美蚵仔的鮮味充分包合，
再加上雞蛋、青菜與豬油的組合，山上養的、海中補的、土裡種的滋味，
統統融合在這一份「煎食追」裡。
我想蚵仔煎之所以讓人難忘，大概就是咀嚼在口裡時，那股絕妙的平衡滋味吧。

我低著頭，一口氣吃完了生炒花枝，一抬頭就發現攤位前湧現排隊的人潮。也看到外國的旅客像是在看表演一樣，看著老闆熟練的動作；大伙同時都望著蚵仔煎鍋上的煎物，滋滋地散發香氣。
蚵仔煎其實是早期先民在無法飽食的情況下發明的替代糧食，是一種貧苦生活的象徵，是在貧窮社會下發明的創意料理。
負責蚵仔煎的是生炒花枝店老闆的妹妹，她也喜歡戴帽子。
徵求老闆妹妹同意後，我立刻準備好相機以拍照做紀錄。
店家採用顏色深黃的土雞蛋，待會的蚵仔煎想必比一般雞蛋製作出來的味道更香濃。

倒
滋
在煎鍋上淋上些許的豬油，放入蚵仔後，同時倒入芡汁。
我們用的是土雞蛋，味道會更香濃喔！
老闆妹妹果然強掉這一點！
攪
動
拿起土雞蛋，在鋼杯裡迅速打成蛋花。
淋
滋
隨後淋上蛋汁。
哦～這一幕真是誘人啊～
哦～我忍不住啦！
再放入適量的小白菜。
翻
噗滋
待放完所有料後，翻面煎大約三分鐘。
抓
抓
隨後再淋上醬汁。醬汁是用番茄醬、辣椒、味噌和花生粉做成。

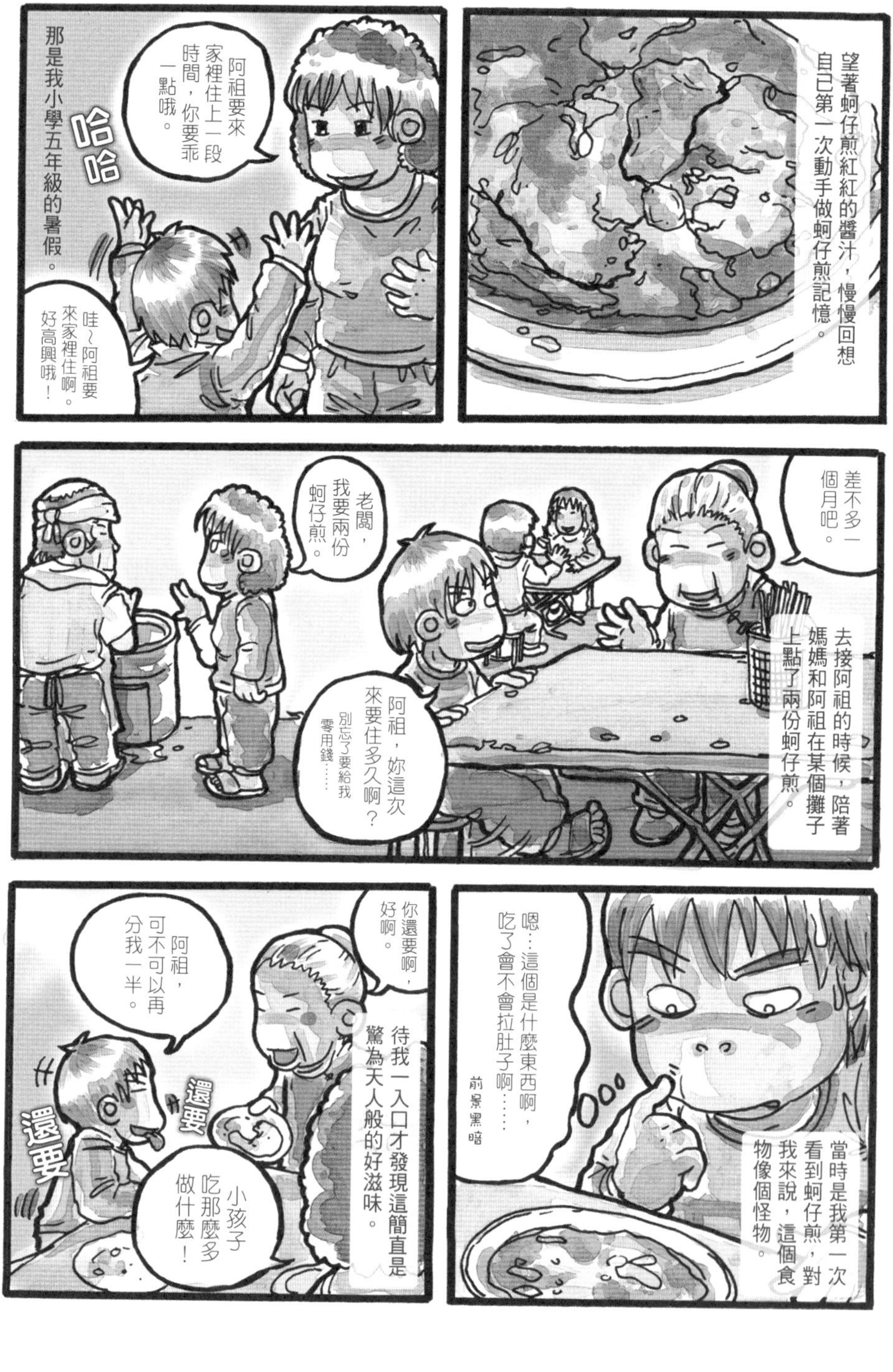
望著蚵仔煎紅紅的醬汁，慢慢回想自己第一次動手做蚵仔煎記憶。
阿祖要來家裡住上一段時間，你要乖一點哦。
哈哈
那是我小學五年級的暑假。
哇~阿祖要來家裡住啊。好高興哦！
差不多一個月吧。
去接阿祖的時候，陪著媽媽和阿祖在某個攤子上點了兩份蚵仔煎。
阿祖，妳這次來要住多久啊？
別忘了要給我零用錢……
老闆，我要兩份蚵仔煎。
當時是我第一次看到蚵仔煎，對我來說，這個食物像個怪物。
嗯…這個是什麼東西啊，吃了會不會拉肚子啊……
前景黑暗
待我一入口才發現這簡直是驚為天人般的好滋味。
你還要啊，好啊。
阿祖，可不可以再分我一半。
還要
還要
小孩子吃那麼多做什麼！

阿祖在家裡住了一陣子，因為阿祖愛吃蚵仔，所以媽媽買了蚵仔回來煮湯。
眼神發亮
哦～這是上次吃蚵仔煎的蚵仔嗎？
那天，就我和阿祖與弟弟在家。
阿祖，妳想不想吃蚵仔煎？
真的嗎？你會做嗎？
小學時代因為會做點簡單的料理，就自認為沒什麼是自己做不出來的。
哥哥，你真的會做喔！
擺
擺
蚵仔煎是什麼？我要吃～我要吃！
那個時代沒有美食節目，沒有網路，家裡也沒有食譜書。
我當然會做。
不知道我那來的膽，竟然信口開河。
汗
啊⋯糟糕⋯我只有吃過而已咧⋯⋯
反正吃過，看起來蠻簡單的，應該不難做吧。
阿祖，家裡沒有青菜，可不可以⋯⋯
好好好，給你錢去買。

因為太矮還得加椅子站在廚房。
阿祖會不會做蚵仔煎啊?
我沒做過,你等一下吃你大哥做的。
做這個應該是用平底鍋吧。
摸
先放油好了。
要先放哪個呢?
蚵仔,對了就是蚵仔!
放
再來就是放蛋啦!
哈哈
就給它整個下去吧。
嗯…還有透明的東西咧?
應該是用太白粉弄出來的吧。
攪
試試看吧!
阿祖,蚵仔煎都是那樣做的嗎?
應該沒問題啦。

哎呀…
那個紅紅的醬是怎麼做出來的呢？
把太白粉水加上番茄和辣椒醬吧！
哈哈~我真是太天才了。
好啦，這就是蚵仔煎！
嗚哇哇哇……
不錯吧，這就是蚵仔煎，很好吃哦，趕快動手吧。
汗
汗
那我就先吃囉！
喀
喀

？
汗
汗
啪
好吃吧！感覺真是開心！
嗚
嗚
！
啊？不會吧……
蚵仔好像沒熟，鼻子好像沒辦法呼吸了。
這就是蚵仔煎的味道嗎？
有這麼難吃嗎？
我試試看！
好險我沒吃，不然老命休矣……

想著可怕的回憶，
攤子上的老闆娘正叫我，
讓我回神脫離記憶中
自己製作蚵仔煎的惡夢。
想要自己動手做美食，
雖然可憑著吃過的記憶想像作法，
但是沒有正確的方法與新鮮的食材，
可能成果不會太美好。

“豪大大雞排”

國三，升學關鍵的一年。
那時每天放學後、偶爾假日都得到校讀書。不過我並不是什麼用功讀書的孩子，
不過是個藉自習之名，在教室裡大啖雞排、雞塊的傢伙罷了。
為了有體力讀書，幾乎人人都會在放學後先去買點東西填肚子。
炸雞排似乎是當時大家的最愛。
大伙最常光臨的雞排攤就立在校園側門的轉角。
一包雞塊十塊錢，大約有六到七個雞塊，直徑大約四公分不等。
一份雞排，也是十塊錢，運氣好的話，還可以吃到份量比較足的雞胸，
運氣差就多吃點雞肋骨，當作補充鈣質。
從老闆手上接來香氣四溢的雞排、雞塊時，
看著攤子前掛著某大公司的肉食出品保證，
我搞不清楚那些肉品公司品牌的大小差別，總之掛上這樣一張牌子，
就是要讓買的人放心，賣的人賺錢開心。
賣雞排的老闆也是聰明人，吃炸物容易口渴，於是在旁邊小桌子堆疊壯觀的冰紅茶，
一杯五元的大杯歡樂價，總計二十五塊錢就能讓飽受升學壓力的學子開心飽足一頓。
當時，放學後的教室裡幾乎都是人手一塊雞排。

從捷運站下車後，往陽明戲院的方向走去。
可以在那兒看到幾個攤子擠滿了人潮，
其中最為顯眼的，便是眼前這家「豪大大雞排」了。
大雞排創始店
士林總店
士林
豪大大雞排
加盟專線 0800-6
嘖嘖……
哇……
嘩
嘩
你看
攤子前滿是等候的人群，
一眼望過去只看見招牌還望不見雞排哩！
開在馬路邊的這一家雞排店，
這麼多人在路邊排隊，
會不會危險啊？

哈哈
別吵啦
我有雞排哦！
叨叨
這些人看起來似乎都覺得排隊是理所當然的～
買雞排不用等。
只是要排隊～
啊、啊、啊～
哇～這個人竟然有這麼好的服務啊。
問他如何不用等好了。
Lucky!
咚
咚
碰

不過這個人看起來這麼輕鬆，想必是老闆吧。
什麼跟什麼嘛。
搞了老半天還是要排隊……
擦
擦
老闆不是我啦。
老闆在市場那邊，不過你可以找這邊的店長。
看那邊
哦～路邊攤也有店長啊。
真是令人驚訝。
還沒靠近攤子，就飄來陣陣雞排酥脆的香味，若是再灑上胡椒粉……我閉上眼想著雞排在口裡的滋味，不知不覺地，臉頰兩旁竟酸出口水來了。
豪大大雞排
處理食材的工作人員都全副武裝。
這塊瓦楞紙板是怕灑胡椒粉時，飄出去影響到其他人。
請問，你們雞排還有不同口味啊？
找到店長，跟他簡單表明來意，店長很爽快就答應受訪。
是啊，我們有原味、蜜汁、咖哩、芥末等非常多選擇。
排隊的人潮這麼多，每天可以賣出多少雞排？
可能不常接受採訪，店長看來有些緊張。
緊張
汗
我們每天至少賣出七百到八百塊的大雞排……不好意思我得服務客人了。

老闆雞排好了嗎？
探頭
炸好了沒？
請問你們要加辣還是不要辣？
我要很辣很辣！
好的。
我往右方一看，熱情大方的服務人員除了發送優惠卷與發放袋子之外，同時也招呼排隊客人的順序與安全。
哦～
有優惠喔～
駐在路旁的攤子，在我看來就是有一番不同的樣貌與吸引力。
一個個白色塑膠箱是放生雞排的箱子。
既然得到店長的許可，我就仔細觀察一番囉！

往後方一看，有一個炸雞排特有的工作車架。
抽風機，是為了不讓炸粉在裡面飛來飄去。
紅色方形盆子裡放滿了酥炸粉
透明玻璃
不銹鋼鐵架框
可以請你看一下這個可以了嗎？
差不多了，不要炸過頭，免得雞排乾澀不好吃。
他大概是新人吧！
滋滋
吱
白色棉製厚手套
注意
為什麼你們的雞排會這麼大啊？
是將雞胸肉對切剖開啦。
請問，你們的醃料是……
哈哈，若你加盟就告訴你吧。
壓
動
哇咧，這麼小氣哦～

戴上橡皮手套後，把醃了一天的雞胸肉取出。一塊肉切三次，不僅看來份量大，醃漬時，醬汁也能夠完全地滲進雞排，吃起來不僅肉汁飽滿，而且肉質軟嫩。
橡皮手套是一定要戴的啦！
餐飲業最講究的就是衛生。
裹粉前，先將雞胸肉沾上醬汁，以利稍後能裹上酥炸粉。
裹粉時，用力把雞胸肉壓沾酥炸粉，正反面來回沾二次。
哇……真是有夠大的。
估量它的尺寸，長大約25公分，寬約12到14公分不等。
裹粉後的雞排厚度大約1.5到2公分不等。
一個托盤大約可以放置10塊大雞排。
別小看現在這個樣子，炸完後，雞排會變更大哦。

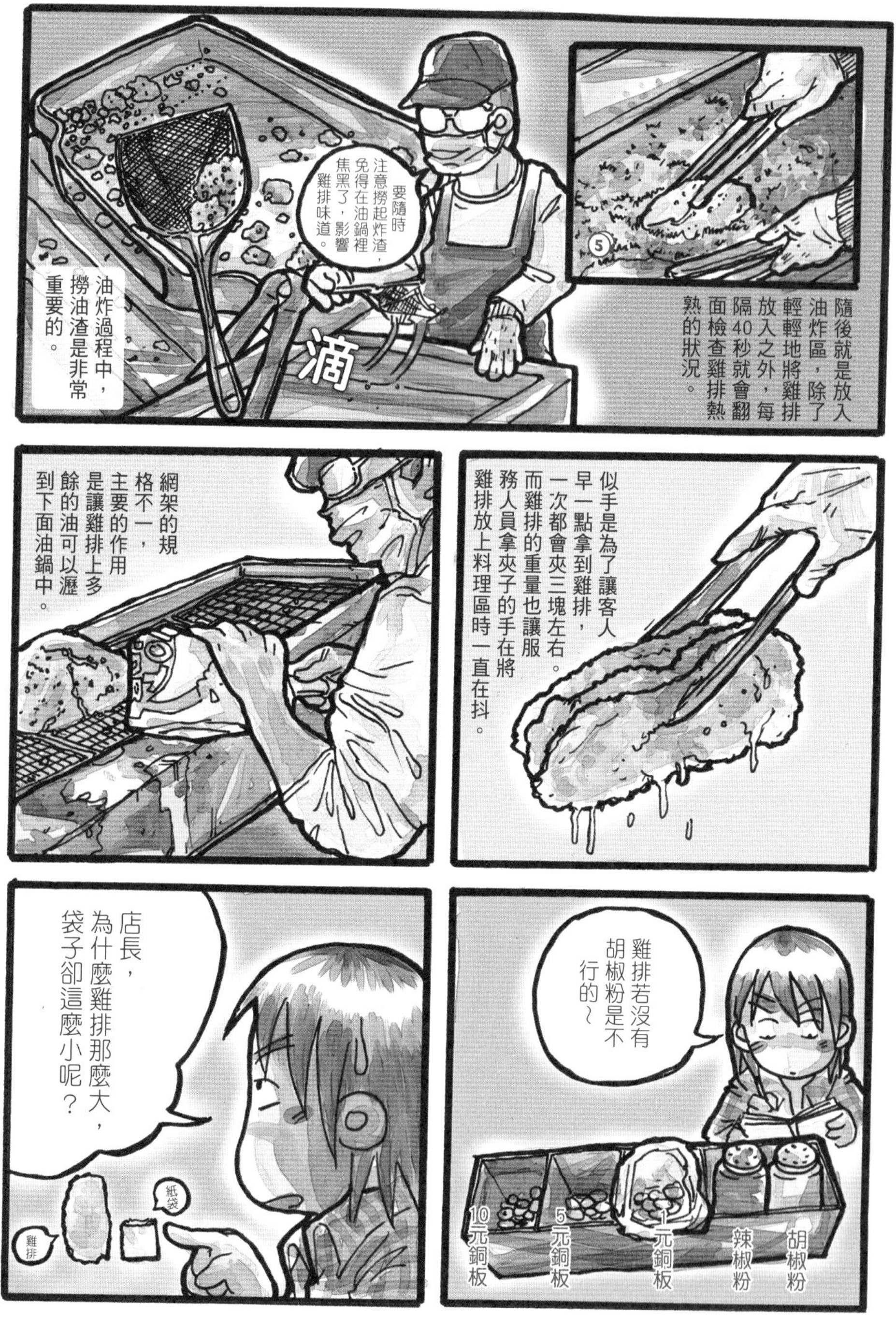

隨後就是放入油炸區，除了輕輕地將雞排放入之外，每隔40秒就會翻面檢查雞排熟的狀況。
5
要隨時注意撈起炸渣，免得在油鍋裡焦黑了，影響雞排味道。
滴
油炸過程中，撈油渣是非常重要的。
似乎是為了讓客人早一點拿到雞排，一次都會夾三塊左右。而雞排的重量也讓服務人員拿夾子的手在將雞排放上料理區時一直在抖。
網架的規格不一，主要的作用是讓雞排上多餘的油可以瀝到下面油鍋中。
雞排若沒有胡椒粉是不行的～
胡椒粉
辣椒粉
1元銅板
5元銅板
10元銅板
店長，為什麼雞排那麼大，袋子卻這麼小呢？
紙袋
雞排

紙袋太小了啦～店長。
亮
這樣才會突顯雞排的大啊！
呼～
呼～我吃不完一份，救命啊～

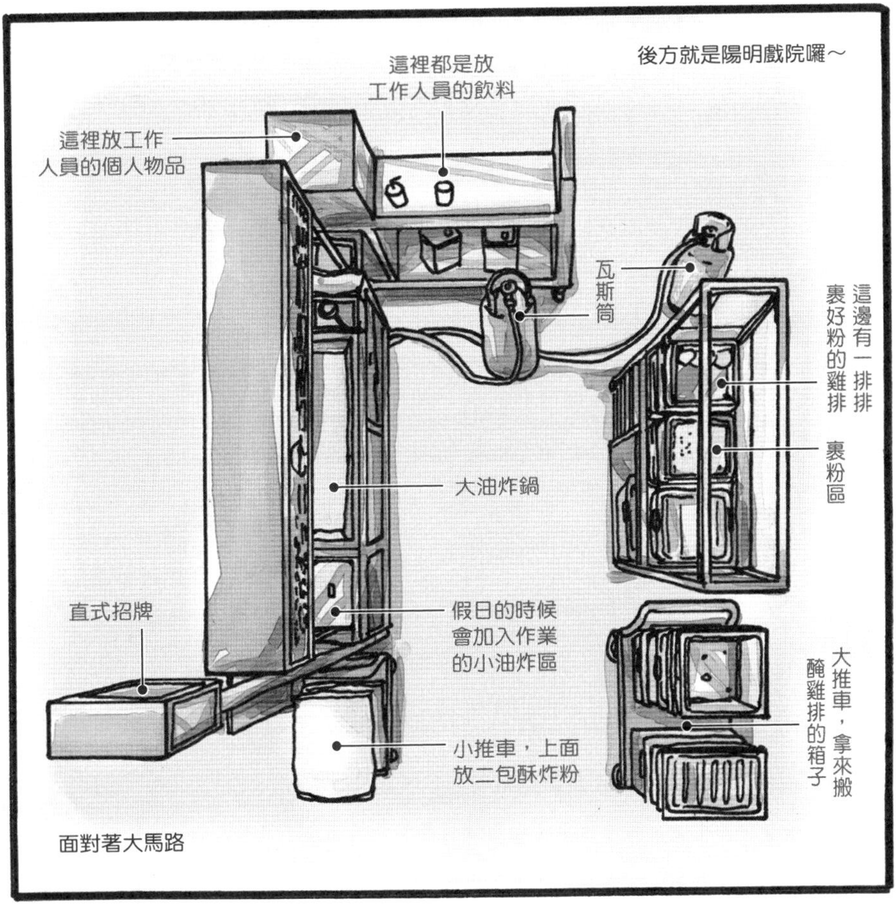
後方就是陽明戲院囉～
這裡都是放工作人員的飲料
這裡放工作人員的個人物品
瓦斯筒
這邊有一排裹好粉的雞排
裹粉區
大油炸鍋
假日的時候會加入作業的小油炸區
直式招牌
大推車，拿來搬醃雞排的箱子
小推車，上面放二包酥炸粉
面對著大馬路

“大餅包小餅”

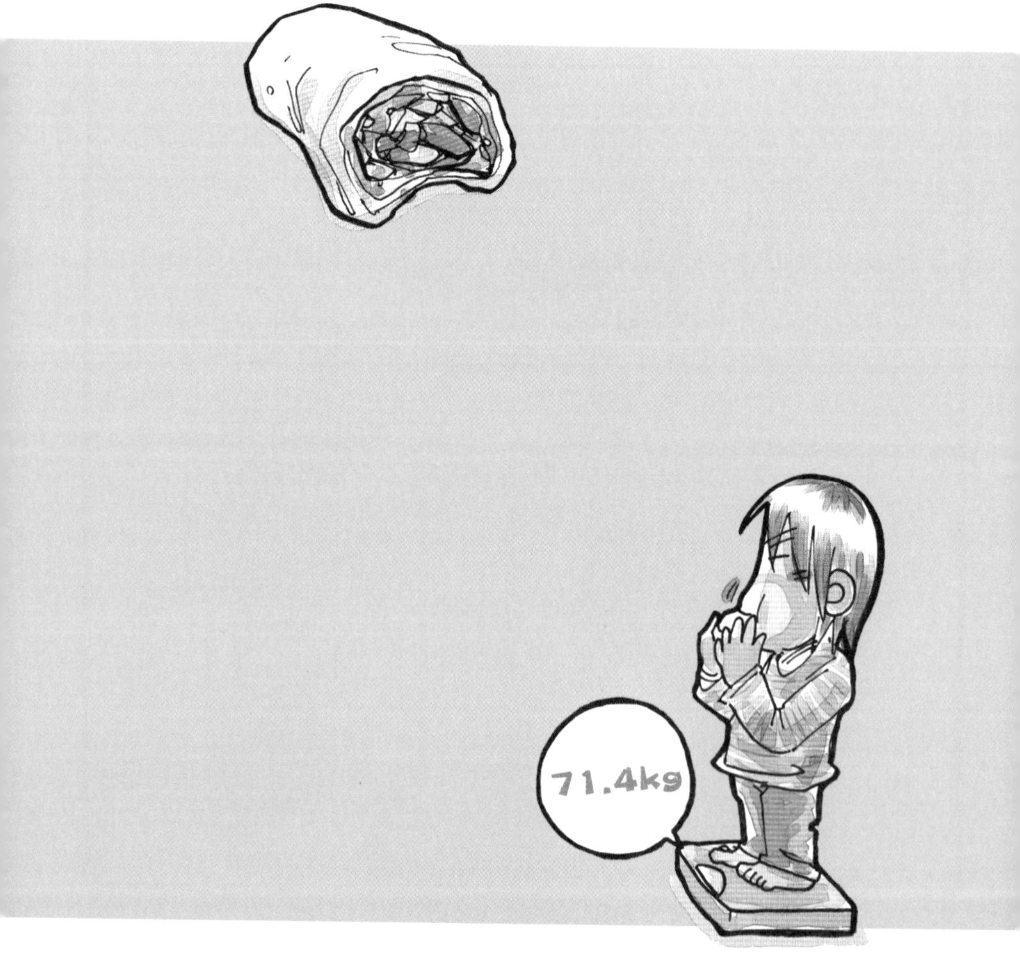

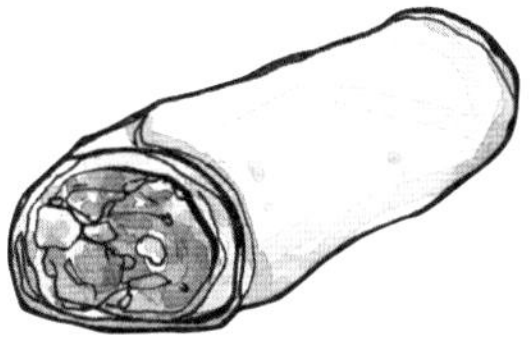

對我而言，大餅包覆的不只是小餅，也包覆了青澀苦戀的心情。

我第一口的大餅包小餅，是和當兵前追求很久的女孩子一起吃的。

那是在士林的舊市場，家住士林的她直嚷著一定要吃這個。

但是眼前的店鋪黑黑地，顧店的老闆臉色有點沉。

我帶點遲疑地點了一份，只見老闆立刻掂起一張自煎鍋上煎好的大餅皮，

在餅皮上放上一個小油炸酥餅，啪一聲，用手掌擊碎了酥餅，再將餅皮包起，

就像國術表演，過程動作堪稱精準完美。

女孩吃了幾口，轉頭問我要不要試試。

我當然是毫不遲疑地點頭說要，心想，竟讓我遇到傳說中的「間接接吻」的良機。

選好女孩咬過的地方，大口咬下去，頓時覺得天旋地轉，背脊一陣酥軟。

那苦戀女孩許久的心情，就像花開，就像蜜蜂尋著蜜，一股竊喜在心裡滋長。

我始終記得那樣的心情，那抹情緒，歡欣、不安、害怕……

隨著年歲增長，終於理解當時的心情，

其實是和心愛的人一起吃著同一份食物的幸福感。

走在人潮川流不息的士林夜市裡，有一攤排隊的人特別多，我抬頭一望，咦？這不正是赫赫有名的大餅包小餅嗎？
更妙的是，排隊的人群裡有不少日本人。他們的表情泰然，似乎是很習慣排隊這件事了。
老士林
大餅包小餅
士林名產
手工現做
元

好想先來一塊試試。
桌面上排了一大排的小餅，真是壯觀。
先把相機準備好，這個攤子的模樣實在太令人感到興奮了。
攤子裡面正放著流行音樂，感覺和他們的年紀不相符。
推
推
嗯，看起來比想像中年輕許多。
她才是老闆娘啦，你可以找她問問題。
請問妳是老闆嗎？
點餐兼結帳的工作人員
你要找老闆啊？
每次都是這麼唐突。

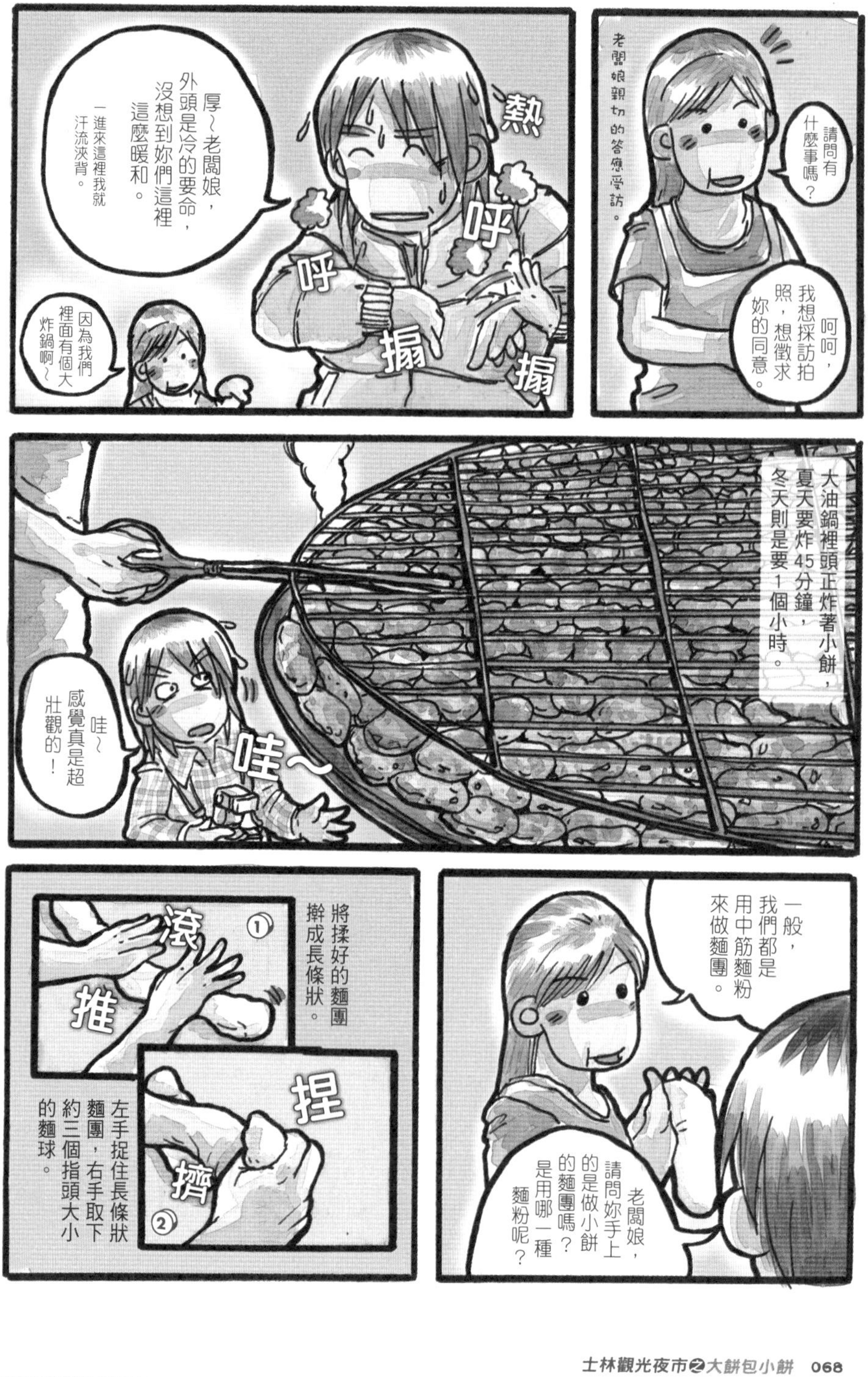
請問有什麼事嗎？
呵呵，我想採訪拍照，想徵求妳的同意。
老闆娘親切的答應受訪。
熱
厚～老闆娘，外頭是冷的要命，沒想到妳們這裡這麼暖和。
一進來這裡我就汗流浹背。
呼
呼
搧
搧
因為我們裡面有個大炸鍋啊～
大油鍋裡頭正炸著小餅，夏天要炸45分鐘，冬天則是要1個小時。
哇～
哇～感覺真是超壯觀的！
老闆娘，請問妳手上的是做小餅的麵團嗎？是用哪一種麵粉呢？
一般，我們都是用中筋麵粉來做麵團。
① 將揉好的麵團擀成長條狀。
滾
推
② 左手捉住長條狀麵團，右手取下約三個指頭大小的麵球。
捏
擠

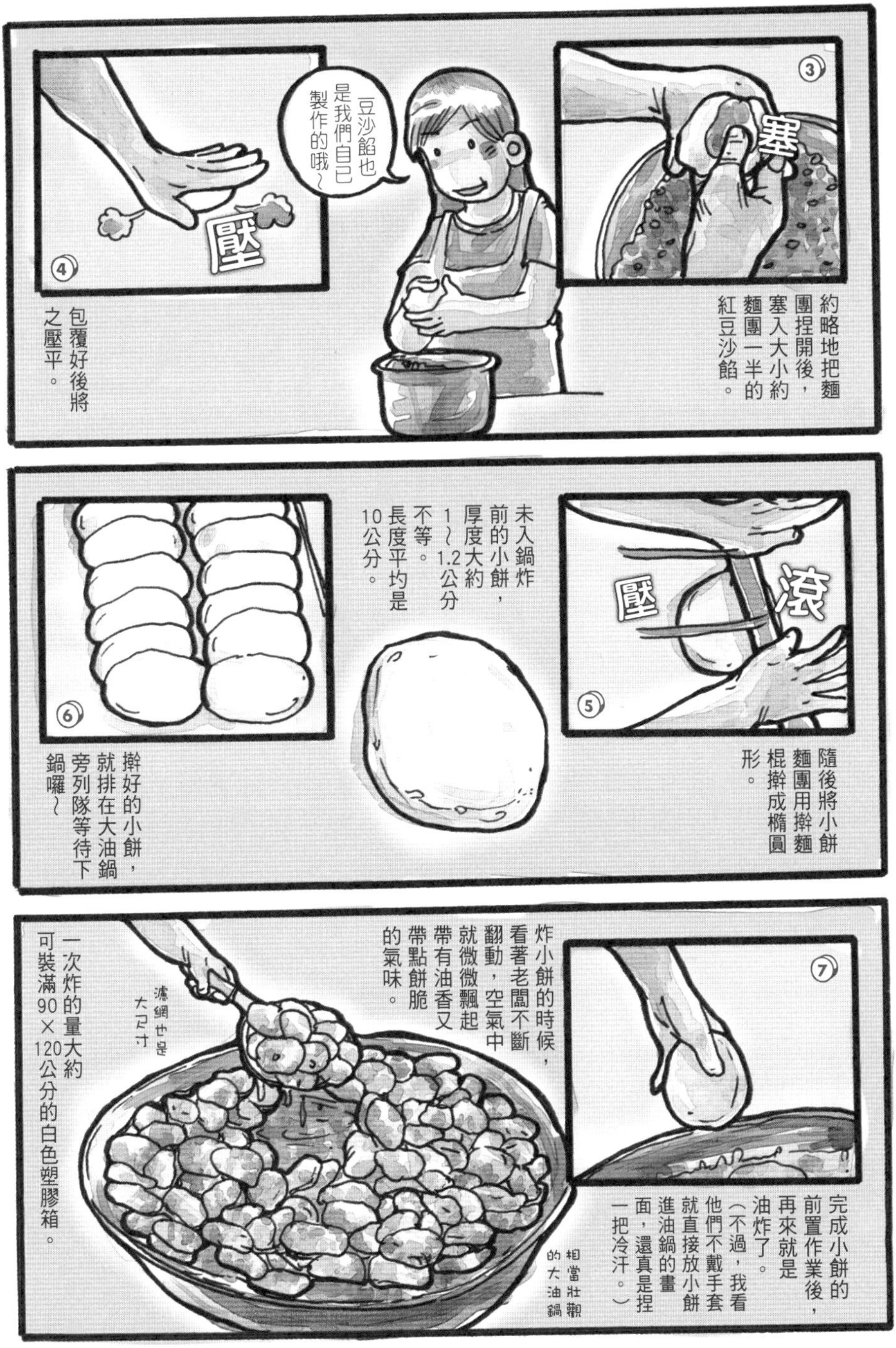

塞
約略地把麵團捏開後，塞入大小約麵團一半的紅豆沙餡。
豆沙餡也是我們自己製作的哦~
壓
包覆好後將之壓平。
滾
壓
隨後將小餅麵團用擀麵棍擀成橢圓形。
未入鍋炸前的小餅，厚度大約1~1.2公分不等。長度平均是10公分。
擀好的小餅，就排在大油鍋旁列隊等待下鍋囉~
完成小餅的前置作業後，再來就是油炸了。（不過，我看他們不戴手套就直接放小餅進油鍋的畫面，還真是捏一把冷汗。）
炸小餅的時候，看著老闆不斷翻動，空氣中就微微飄起帶有油香又帶點餅脆的氣味。
相當壯觀的大油鍋
濾網也是大尺寸
一次炸的量大約可裝滿90×120公分的白色塑膠箱。

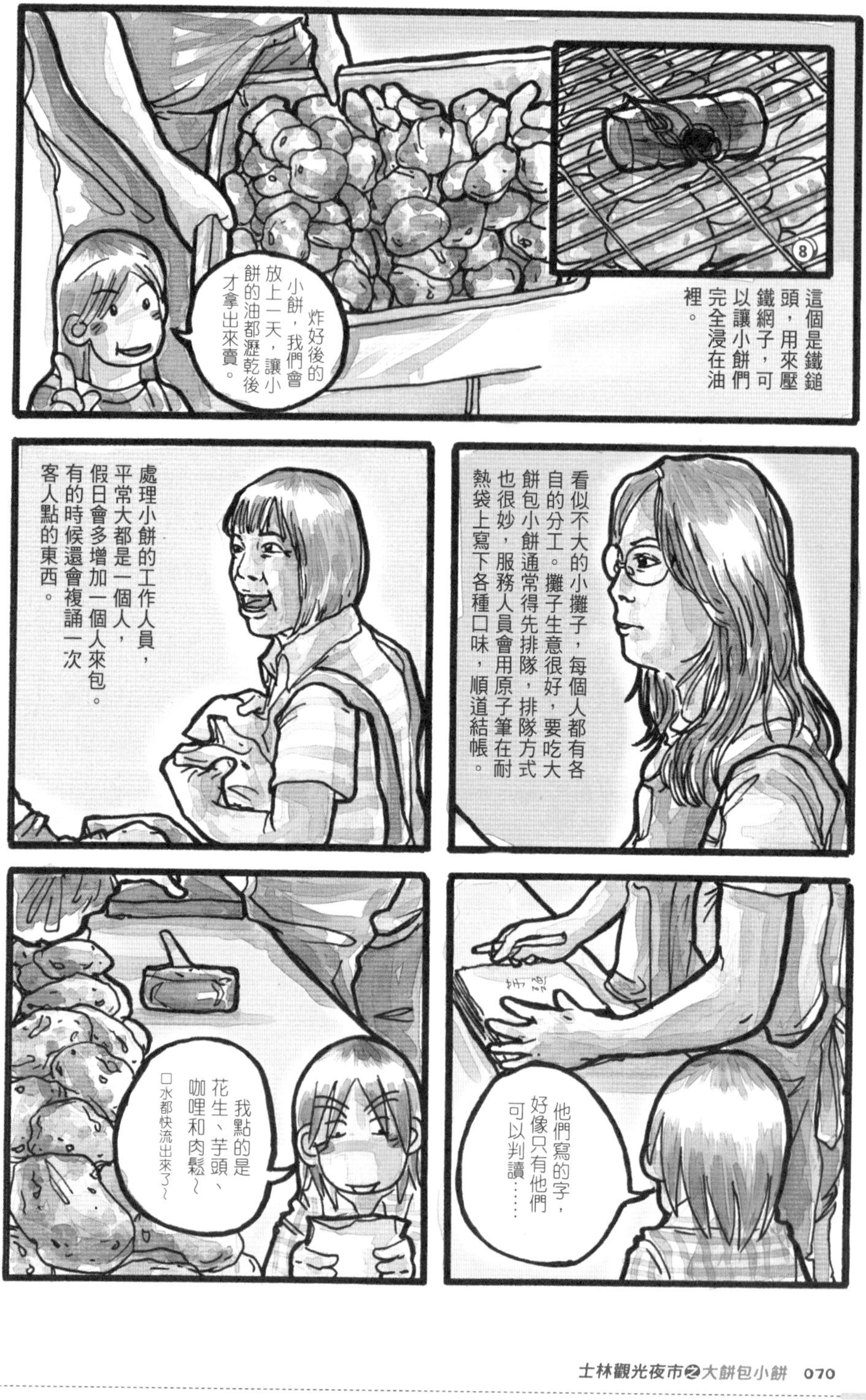
8
這個是鐵鎚頭，用來壓鐵網子，可以讓小餅們完全浸在油裡。
炸好後的小餅，我們會放上一天，讓小餅的油都瀝乾後才拿出來賣。
看似不大的小攤子，每個人都有各自的分工。攤子生意很好，要吃大餅包小餅通常得先排隊，排隊方式也很妙，服務人員會用原子筆在耐熱袋上寫下各種口味，順道結帳。
處理小餅的工作人員，平常大都是一個人，假日會多增加一個人來包。有的時候還會複誦一次客人點的東西。
他們寫的字，好像只有他們可以判讀……
我點的是花生、芋頭、咖哩和肉鬆~
口水都快流出來了~

①
大餅是類似春捲的薄麵皮
拿出半張大餅，將小餅放在大餅中間。
橡皮槌已經槌出一個凹洞
②
輕輕槌碎小餅，然後折起大餅蓋上。
在工作人員旁邊放有一瓶減緩肌肉酸痛的噴劑啊……
這個工作，手的負荷相當地重。
③
敲碎小餅後，按客人需求倒上不同口味的調味粉或配料，再把大餅像包春捲那樣捲起來。
配料有甜有鹹，多達二十幾種。
咖哩
辣椒粉
芋頭
黑芝麻
花生
肉鬆
你們的大餅也是自己做的嗎？
是啊，你看裡面有二個大煎鍋，那就是做大餅用的。
④
有的工作人員會把封口的那一面翻過來，用手指壓著。
一口氣吃光他們吧～
呵呵……
⑤
看到封口向上的大餅包小餅放進袋子後，才明白也許是怕沒壓好封口，餅在放進袋子前就鬆落吧。

我站在攤子裡觀察了好一會兒。排隊的人潮裡，大多是較有年紀的人，當然也有年輕人，不過比例上就沒有那麼多。倒是日本人不少，可惜我聽不懂日語，不然真想知道他們對大餅包小餅的評價。
大餅包小餅的平均長度約11～12公分。
大餅包小餅拿起來的感覺很接近春捲，吃過的人應該也都這樣覺得吧～
咬
咬
NiKON
吃著吃著，我看到一張在士林夜市門口吃大餅包小餅的情侶，女生吃了一口後再拿給男生。
仔細看這對情侶，臉紅通通地拿著餅，分享的幸福不言而喻。
狼吞虎嚥
先看看今天拍的照片好了。

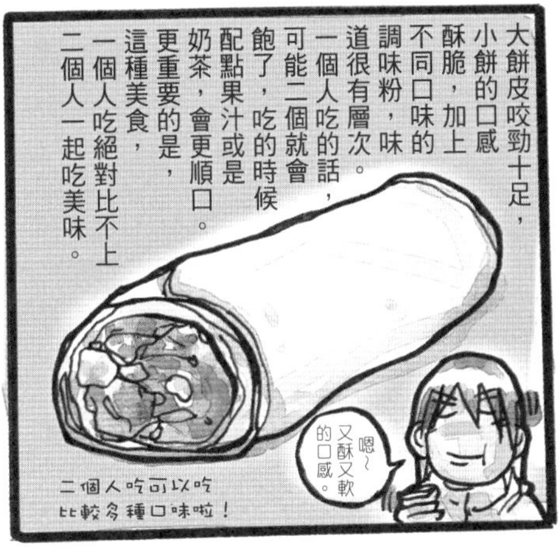
大餅皮咬勁十足，小餅的口感酥脆，加上不同口味的調味粉，味道很有層次。
一個人吃的話，可能二個就會飽了，吃的時候配點果汁或是奶茶，會更順口。
更重要的是，這種美食，一個人吃絕對比不上二個人一起吃美味。
嗯~又酥又軟的口感。
二個人吃可以吃比較多種口味啦！

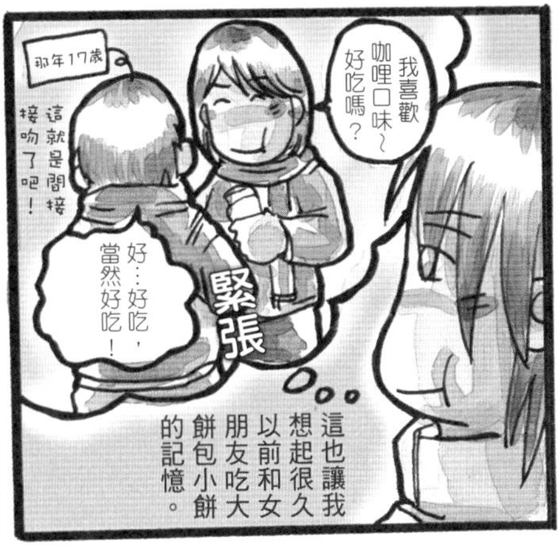
我喜歡咖哩口味~好吃嗎？
那年17歲
這就是間接接吻了吧！
好…好吃，當然好吃！
緊張
這也讓我想起很久以前和女朋友吃大餅包小餅的記憶。

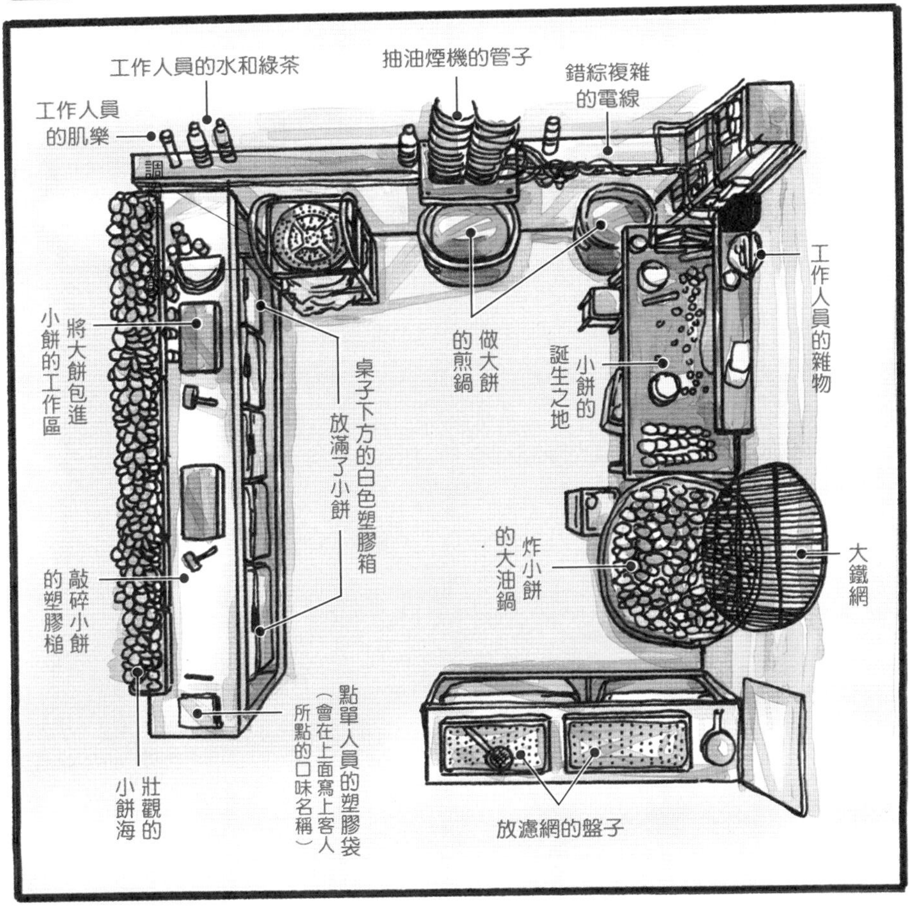
工作人員的水和綠茶
抽油煙機的管子
錯綜複雜的電線
工作人員的肌樂
調味粉
工作人員的雜物
做大餅的煎鍋
小餅的誕生之地
將大餅包進小餅的工作區
桌子下方的白色塑膠箱放滿了小餅
炸小餅的大油鍋
大鐵網
敲碎小餅的塑膠槌
點單人員的塑膠袋（會在上面寫上客人所點的口味名稱）
壯觀的小餅海
放濾網的盤子

“阿忠冰店”

印象中，曾祖母旅居台北的夏日時光，除了豆花之外，最常做的點心就是刨冰了。
家庭用的刨冰機，唰唰地刨出一層一層的碎冰，
加什麼料都好，只要淋上糖水就很美味。
冰箱裡也時常存放冬瓜茶、綠豆湯等夏日飲品。
這些現成的食材，讓刨冰變得簡單，更成為我兒時最擅長的料理。（笑）
炎炎夏日，吃上一口沁涼的冰，頓時感受到一股無法言喻的暢快，
是夏季不可或缺的一大享受。
如今，刨冰的口味越來越豐富多元，而由新鮮水果製成的冰品，
滋味更是細膩，吃下一口，那股清涼爽滑在口裡迴盪不已。
冬天吃冰，也別有一番風味。
儘管感冒正在流行，我仍想滿足自己的口腹之欲，嘗一口刨冰。
坐在攤子旁，像個孩子般期待吃冰時挖掘出層層的驚奇，
想像老闆端上的不只是刨冰，更像禮物般帶給人雀躍欣喜。

牛奶冰
走在士林夜市裡頭，人潮擁擠、此起彼落的吆喝聲，讓身旁的氣溫逐步升高。看見冰店以極盡壯觀之能事，將水果與刨冰擺盤裝飾得像是充滿奇幻魔力的冰品，讓人輕嚐一口就能感受無法言喻的幸福。

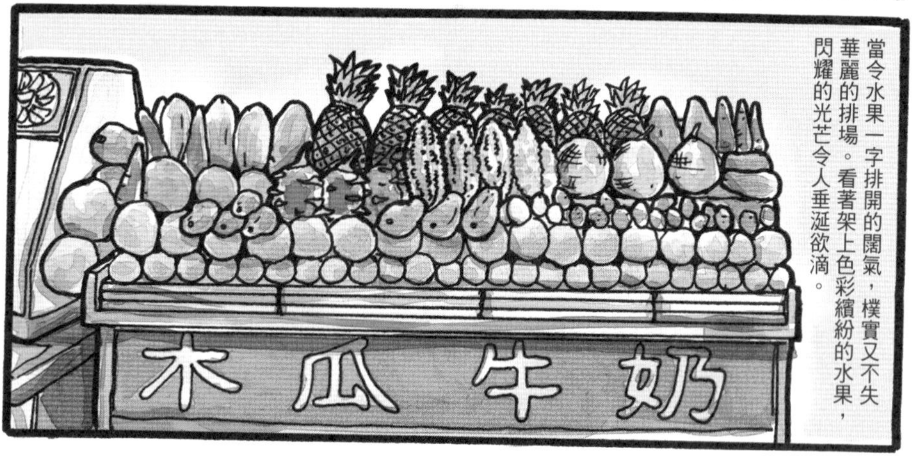
當令水果一字排開的闊氣，樸實又不失華麗的排場。看著架上色彩繽紛的水果，閃耀的光芒令人垂涎欲滴。
木瓜牛奶

吃刨冰，就是喜歡看著品項繁多的冰料，那種感覺就像是抬頭看著星星一樣，得以沉浸在挑選的過程，慌亂卻享受。
看著這些配料，光用想像就能激盪出冰品在口裡的清涼口感與美妙滋味。
流口水
哇嗚~光用看的就很爽了，等一下一定要痛快吃個一大碗！
您好，請問要吃什麼呢？
老闆也會一點簡單的日文。
要不要試試我們的芒果牛奶？
如何，要不要吃？
好啊。
哇，做生意真不簡單，連日文也要會講。

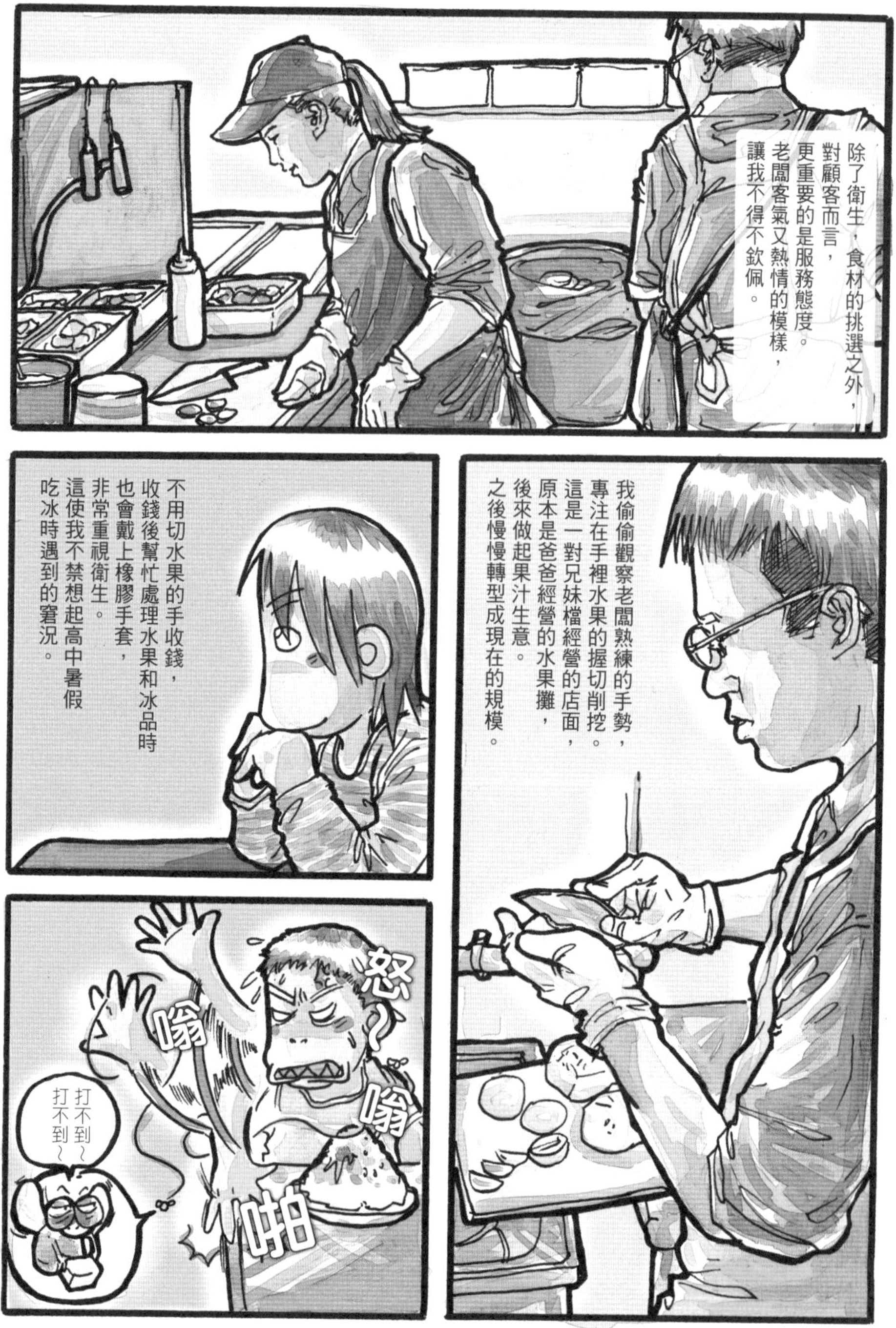
除了衛生，食材的挑選之外，對顧客而言，更重要的是服務態度。老闆客氣又熱情的模樣，讓我不得不欽佩。
我偷偷觀察老闆熟練的手勢，專注在手裡水果的握切削挖。這是一對兄妹檔經營的店面，原本是爸爸經營的水果攤，後來做起果汁生意，之後慢慢轉型成現在的規模。
不用切水果的手收錢，收錢後幫忙處理水果和冰品時也會戴上橡膠手套，非常重視衛生。這使我不禁想起高中暑假吃冰時遇到的窘況。
怒~
嗡
嗡
啪
打不到~打不到~

該死的蒼蠅
嗡
!
嗡
我們終於相見了。
哎喲，這少年仔是怎樣。
!
!
咚
卡
啪
卡
磅
嗡
嗡
呼…真是個不愉快的回憶啊。
唉…這傢伙真是個笨蛋。

真不好意思，一直有客人上門。
已經事先跟老闆約訪。
沒關係啦～生意好是好事啊。
考量成本和新鮮度，店裡的水果都是凌晨三點親自去市場挑選的。現在客人的嘴都很挑，如果不注意，造成不愉快的感受，客人就不會回流。
看到水果的後製處理，還有砧板上擺列整齊的水果，讓我對這家冰店的衛生情況放心許多。
開始囉！
呵呵～好哇。
先做我最得意的果汁。
眼前的老闆，在我眼裡就像是個熱情的少年。對於製作冰品、果汁有著超乎常人的自信，也讓我更加期待，這杯果汁是不是會有出人意料的口感。
① 這杯500CC的塑膠杯內，先放入奇異果與鳳梨各4片左右。

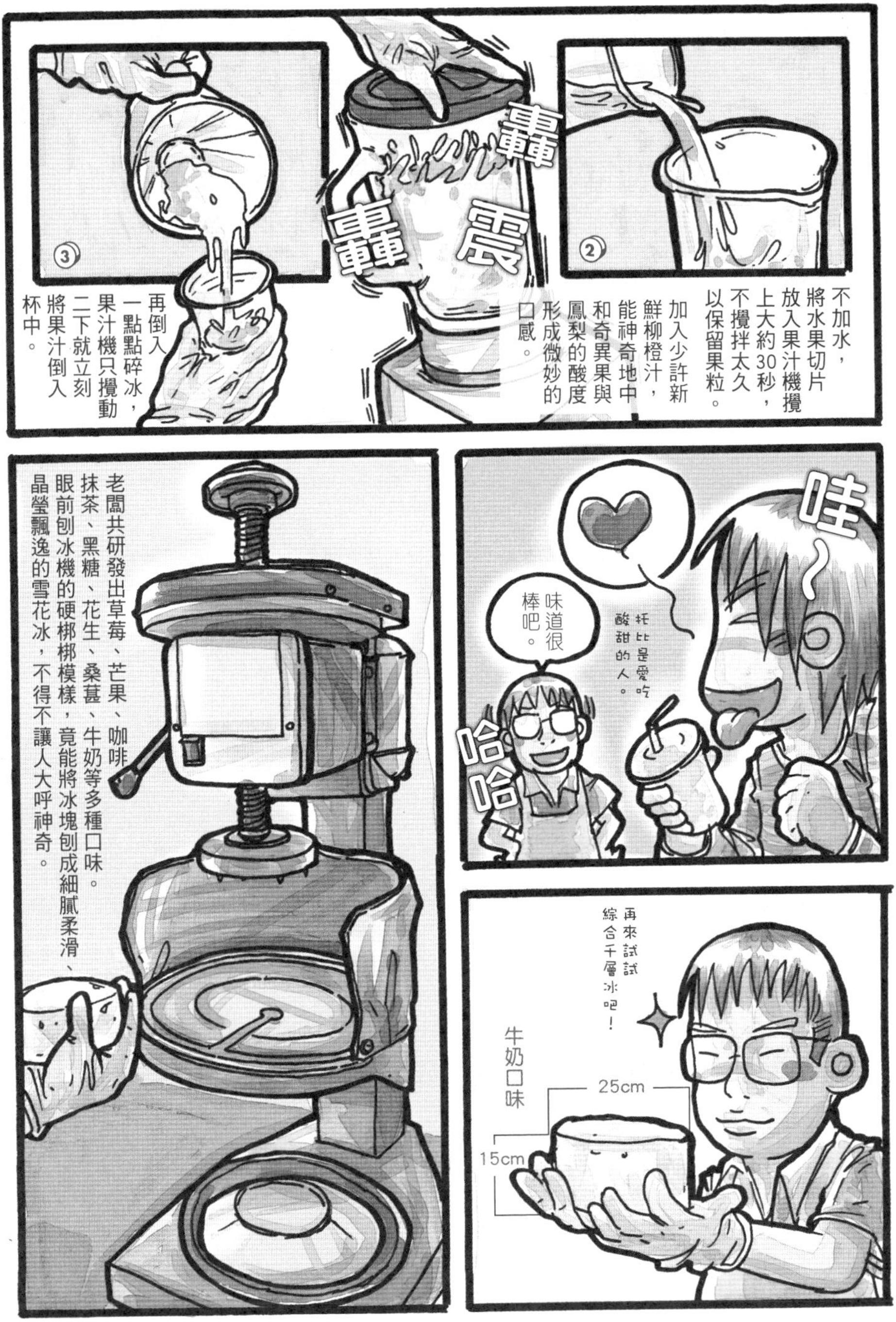
②
不加水，將水果切片放入果汁機攪上大約30秒，不攪拌太久以保留果粒。
轟
震
轟
加入少許新鮮柳橙汁，能神奇地中和奇異果與鳳梨的酸度形成微妙的口感。
③
再倒入一點點碎冰，果汁機只攪動二下就立刻將果汁倒入杯中。
哇～
托比是愛吃酸甜的人。
味道很棒吧。
哈哈
老闆共研發出草莓、芒果、咖啡、抹茶、黑糖、花生、桑葚、牛奶等多種口味。眼前刨冰機的硬梆梆模樣，竟能將冰塊刨成細膩柔滑、晶瑩飄逸的雪花冰，不得不讓人大呼神奇。
再來試試綜合千層冰吧！
牛奶口味
25cm
15cm

放上刨冰台，拉下咬嘴咬住冰磚。冰磚約高15公分，直徑25公分。
刨冰過程，盤子要不停轉動，這樣冰看起來才會有層次。
刨冰台的左下方，有可以控制刨冰厚薄的刀片調整鈕，是刨出雪花般碎冰的關鍵。
將現切的水果一一擺到剛刨好的冰上。
哇～看起來好像生日蛋糕喔！
最後淋上甜美的芒果果醬或牛奶，綜合水果刨冰就完成囉！
即使沒有華麗的店面裝潢、精緻的碗盤羹匙襯托，但高如小山的冰上扎實置滿各式水果，孩子們的欣喜神情就是最真誠的讚美。

老闆親切的招呼、
明亮清潔的環境，
更為我們口裡的冰甜滋味
增添了享受與樂趣。

鄰桌的小女孩，
迫不及待拿出湯匙體驗味蕾滿是
甜美滋味的幸福與飽足感。

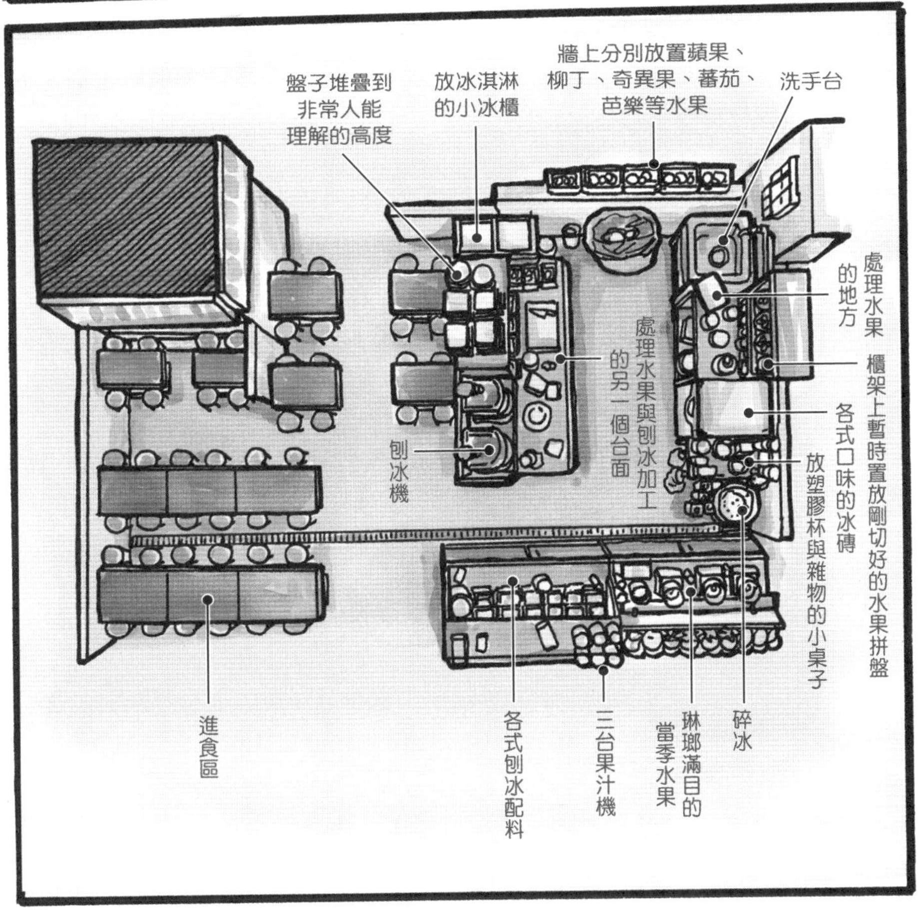
盤子堆疊到
非常人能
理解的高度
放冰淇淋
的小冰櫃
牆上分別放置蘋果、
柳丁、奇異果、蕃茄、
芭樂等水果
洗手台
處理水果
的地方
處理水果與刨冰加工
的另一個台面
櫃架上暫時置放剛切好的水果拼盤
各式口味的冰磚
放塑膠杯與雜物的小桌子
刨冰機
進食區
各式刨冰配料
三台果汁機
琳瑯滿目的
當季水果
碎冰

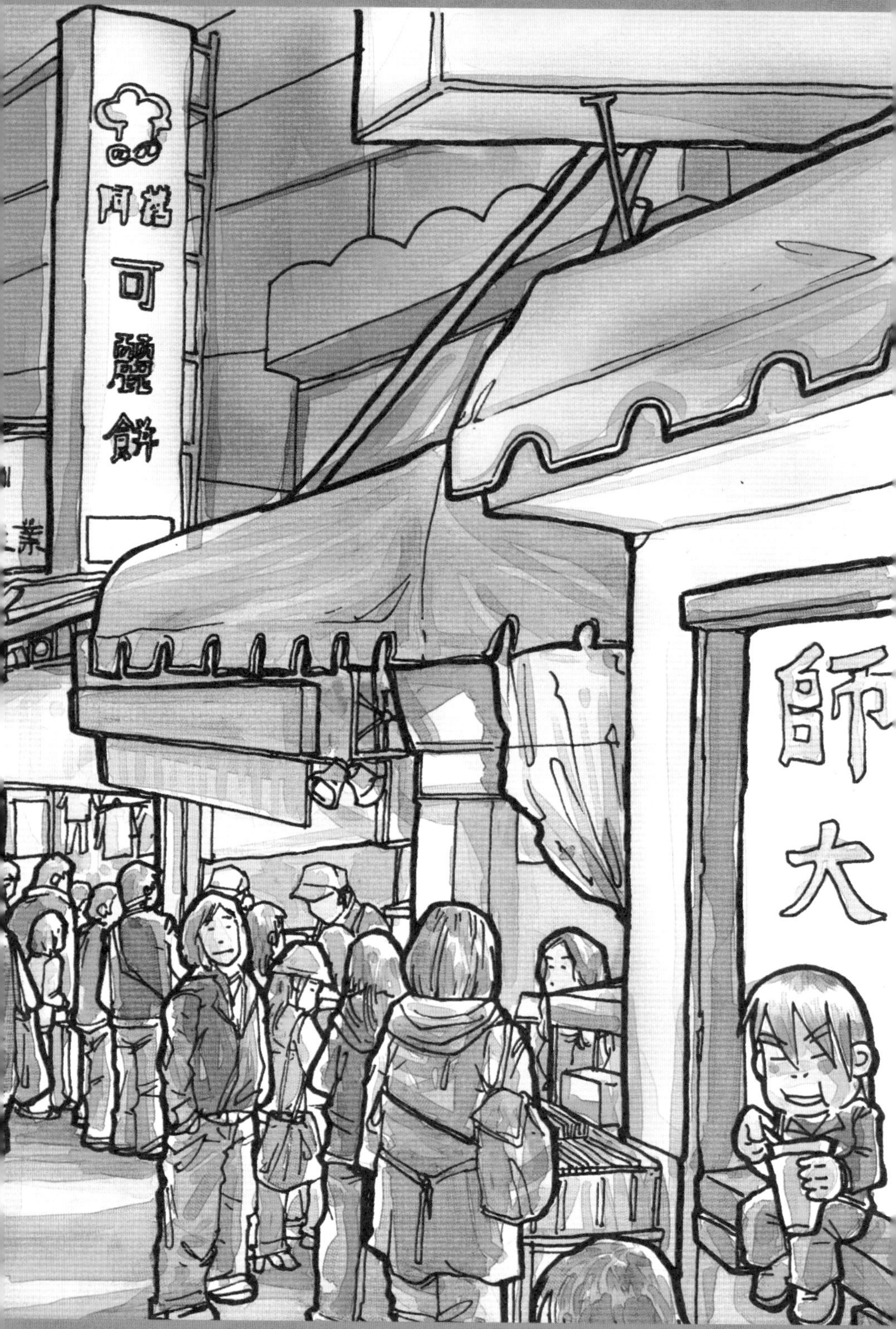
可麗餅
師大

Part 3. 師大夜市

師大夜市，位於學區附近，
主顧客以學生為大宗，
集結生煎包、可麗餅、滷味等可口美食的店面、
攤販散落在小街上，人潮熱絡。

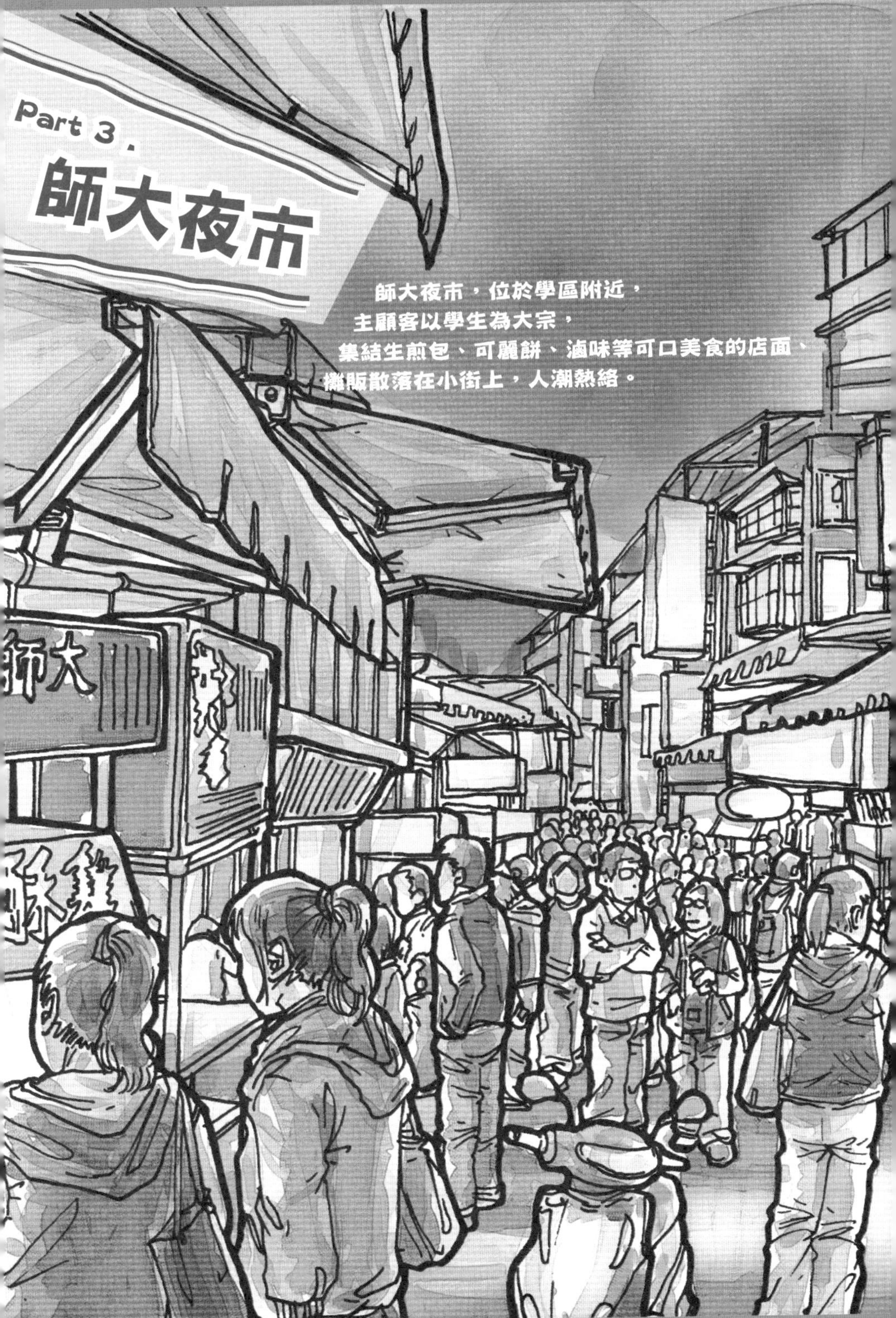

“燈籠滷味”

我吃東西一向簡單。
由於沒什麼錢，我不是在家吃，就是自己動手做，絕少上夜市大啖人人熱愛的小吃。
眾人愛吃的加熱滷味，也是一直到台中半工半讀後才初次嘗試。
因當時的女朋友吃素，自己的飲食習慣也連帶有了改變，絕少接觸葷食。
那時校門口對面，羅列著許多餐飲攤子，在不起眼的後方攤位裡，
有一個素食滷味攤，是當時情人的最愛。自然地，那也成了我們最常光顧的地方。
我們常點的滷味，就是那幾道經典必點的豆皮、空心菜、香菇，
以及比較能填飽肚子的科學麵。
顧攤的是位年輕男子。我常望著老闆用瘦骨嶙峋的手，持小菜刀切著空心菜與豆皮，
然後將各式食材放入不銹鋼漏斗中，緩緩放入調製好的滷湯，將所有食材一鍋滷煮，
隨著滾燙湯汁的咕嚕咕嚕聲，透過滷汁消除不同食材之間的差異，
是彷彿「魔術表演般的小吃料理」。
冷颼颼的天氣，手上一份熱騰騰的滷味，「自用共食兩相宜」，
才是滷味最讓人懷念的滋味。

燈籠加熱滷味
嘖嘖……感覺好熱鬧的攤子啊。
擠
喔～
唔
咦？
NB

哦哦哦……
真是嚇到我了，沒想到這攤滷味的料會這麼多。
各位往下看看，你們吃過幾樣食材呢？
不過，光是看到攤架上擺放這麼多的滷料，應該很難下手吧。
金針菇
冬粉
雞翅
雞腸
雞脖子
四季豆
糯米腸
鵝腸
蘆筍
青花菜
小香腸
洋菇
雞心
青椒
鳥蛋
花枝丸
甜不辣
水晶餃
雞卷
豬血糕
百頁豆腐
油豆腐
豆干
花干
雞胗
腐皮
凍豆腐

金針菇
高麗菜
筊白筍
青椒
香菇
酸菜
青蔥
雞腿
雞翅
冬粉
雞脖子
王子麵
雞腳
哇咧……要先從哪裡下手呢？
難怪會有這麼多人在排隊，看起來就像是進入放滿寶藏的洞穴。
驚
轉頭
唔…是在叫我嗎？
你那麼大聲很嚇人咧！
嘿，別一直站在那邊，要排隊啊。
口氣有點兇
熱氣蒸騰

正當尷尬之際，我往上一看，看見紅紅的大燈籠。不覺地噗滋一笑，難怪叫燈籠滷味。
燈籠滷味
燈籠
老闆，我可不可以拍你做滷味的樣子啊？
不影響我做生意就好。
滋
刷~
別一直站在這邊，先去那邊排隊結帳。
嗯……是放在這邊嗎？
緩緩移動

先生，請排隊。
啊？我插隊了嗎？
哇～這邊有用來放滷味的架子咧。
味
丟臉
哎喲……從頭丟臉到尾，真是的。
下次再來應該就不會這樣了吧。
看著老闆熱滷食材專注的樣子，雖然那幾近不苟言笑的表情讓人有點卻步，但在整個料理過程中毫不馬虎的動作，先前的不愉快，就在眼前關注的畫面裡，慢慢淡去了。
感覺表情很愁苦
滋滋……
滋……
雖然排隊點餐的過程覺得不太舒服，還要利用排隊空檔趕忙地拍照、速寫，卻看到令我佩服的地方。
咦

一個滷味爐同時有三個籠架在作業。
整個台面都是不銹鋼材質。
我站在那兒觀察了好幾籠的滷味，滷煮的時間是3到5分鐘不等，似乎是依食材不同而影響製作的時間。
①
老闆在放滷味的不銹鋼料理桶中，淋上醬汁。
這個醬汁是什麼啊？
紅紅的，應該是甜辣醬吧！
②
再倒上些許的醬油或香油。
老闆，我的口味比較清淡咧，不吃重鹹的。
③
緊接著就是一大把酸菜。
你要內用還是外帶？
④
再來就是一大把蔥花。

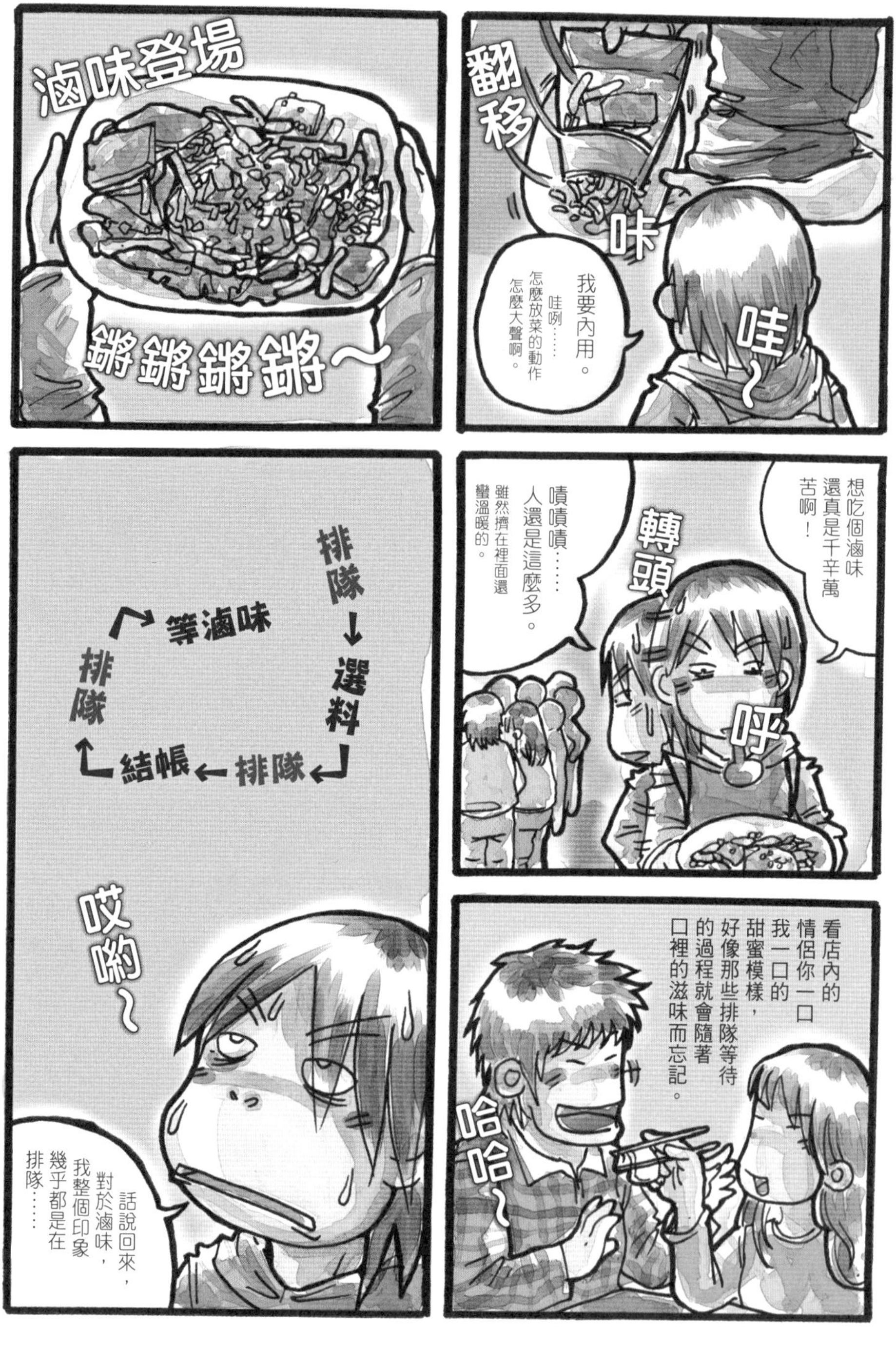
滷味登場
鏘鏘鏘鏘～
翻移
咔
我要內用。
哇咧……怎麼放菜的動作怎麼大聲啊。
哇～
想吃個滷味還真是千辛萬苦啊！
轉頭
嘖嘖嘖……人還是這麼多。
雖然擠在裡面還蠻溫暖的。
呼
排隊→選料→排隊→結帳→排隊→等滷味
哎喲～
話說回來，對於滷味，我整個印象幾乎都是在排隊……
看店內的情侶你一口我一口的甜蜜模樣，好像那些排隊等待的過程就會隨著口裡的滋味而忘記。
哈哈～

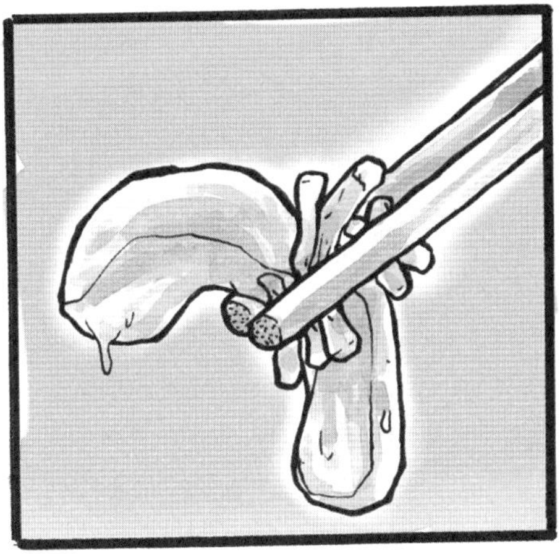

冷呼呼的
季節裡，吃一口
熱騰騰的滷甜不辣，
再咬上香脆的高麗菜，
搭配些許甜脆的酸菜，
喀卡喀卡地在嘴裡漫開香氣，
我想這就是我吃滷味時，
最期待的一刻。

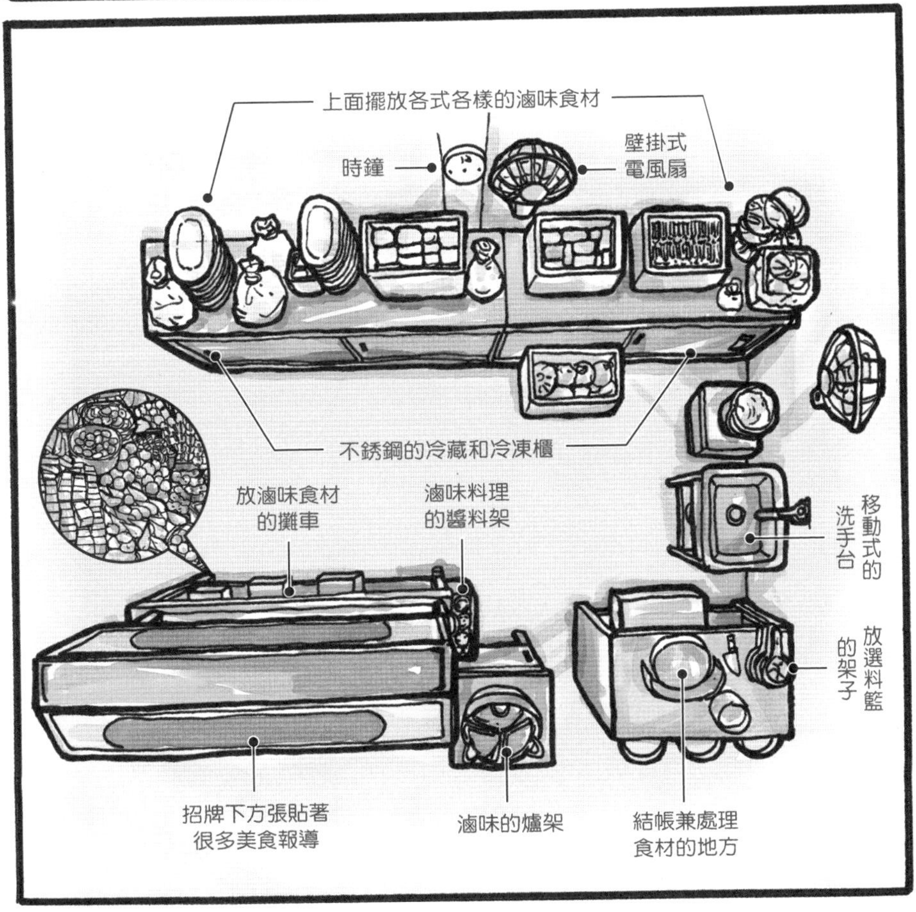
上面擺放各式各樣的滷味食材
時鐘
壁掛式電風扇
不銹鋼的冷藏和冷凍櫃
放滷味食材的攤車
滷味料理的醬料架
移動式的洗手台
放選料籃的架子
招牌下方張貼著很多美食報導
滷味的爐架
結帳兼處理食材的地方

“阿諾可麗餅”

可麗餅是法國傳統小吃，是種以一張煎餅皮包裹多種配料的點心。
在歐洲已經有上百年的歷史，發源地是法國的布列塔尼（Bretagne），
這道平民料理經過巧思與傳承，至今，不但有各式各樣的口味，
也有多采多姿的樣貌，近幾年在台灣也成為許多人喜愛的點心。
我的第一口可麗餅是在大一那年，和我剛唸高一的室友一起去吃的。
當時，如果晚上沒事，他常常拉著我往夜市跑。
我倆騎著車往逢甲夜市的路上，他看見轉角的攤子上擠滿了人潮。
開口問我，要不要吃可麗餅？
當時，從沒有想到這個直徑約三十五到三十六公分的薄餅皮，竟能放上這麼多的餡料。
第一次見到可麗餅的我，像個笨蛋似的，一直問老闆：
「頭家，這樣放行嗎？餅會不會破掉呢？」
當我從老闆手上接過可麗餅，看著餡料在煎餅裡頭層層堆疊，
讓人飽足的肉與海鮮，配上豐富的生菜與玉米，口味濃郁的醬料，
還有充滿香氣、像碗又像杯的煎餅，新奇、大捲飽實的模樣，令人食指大動。
一口咬下那層層捲起的美妙滋味，興奮的情緒，我想只差沒有在現場跳舞了。
那年，室友才十九歲。同年的十月，他就高中退學，遠走他鄉。
我倆只有短暫的同居情誼，這第一次的可麗餅滋味，卻成了我對他難忘的回憶。

走在師大夜市，遠遠便望見長長的排隊人潮。按照美食法則來說，有人排隊的店，十之八九好吃是錯不了的。
阿諾
法式可麗餅
人潮絡繹不絕
從前台這裡點餐，有專人負責，不像一般是直接對製作人員點餐，感覺很不一樣。
色彩漂亮的馬賽克
這家的可麗餅還有冰淇淋口味哦。
真的啊！那是要吃冰的嗎？
猶豫
不知道怎麼開口和老闆說啊……

看著眼前身材魁梧的老闆，
儘管戴眼鏡的模樣笑臉滿盈，
仍然掩蓋不了硬漢100%的男人味。
看起來好像是不太好聊的人咧。
他那麼忙，
會不會對我大小聲啊……
冒汗~
膽小如豆的我，還是無法突破心防。
真是太感謝妳了。
幸好隨行的地陪看出這點
我來幫你吧。
她的真實身分是記者
哦，歡迎歡迎。
老闆，我們可不可以採訪你？
哇~沒想到竟然可以如此自然對談，這麼厲害。
轉頭
來來來，先幫他們準備二杯飲料吧。
哦~好！
驕傲的神情
嘻
哇~
佩服
沒想到會這麼順利。

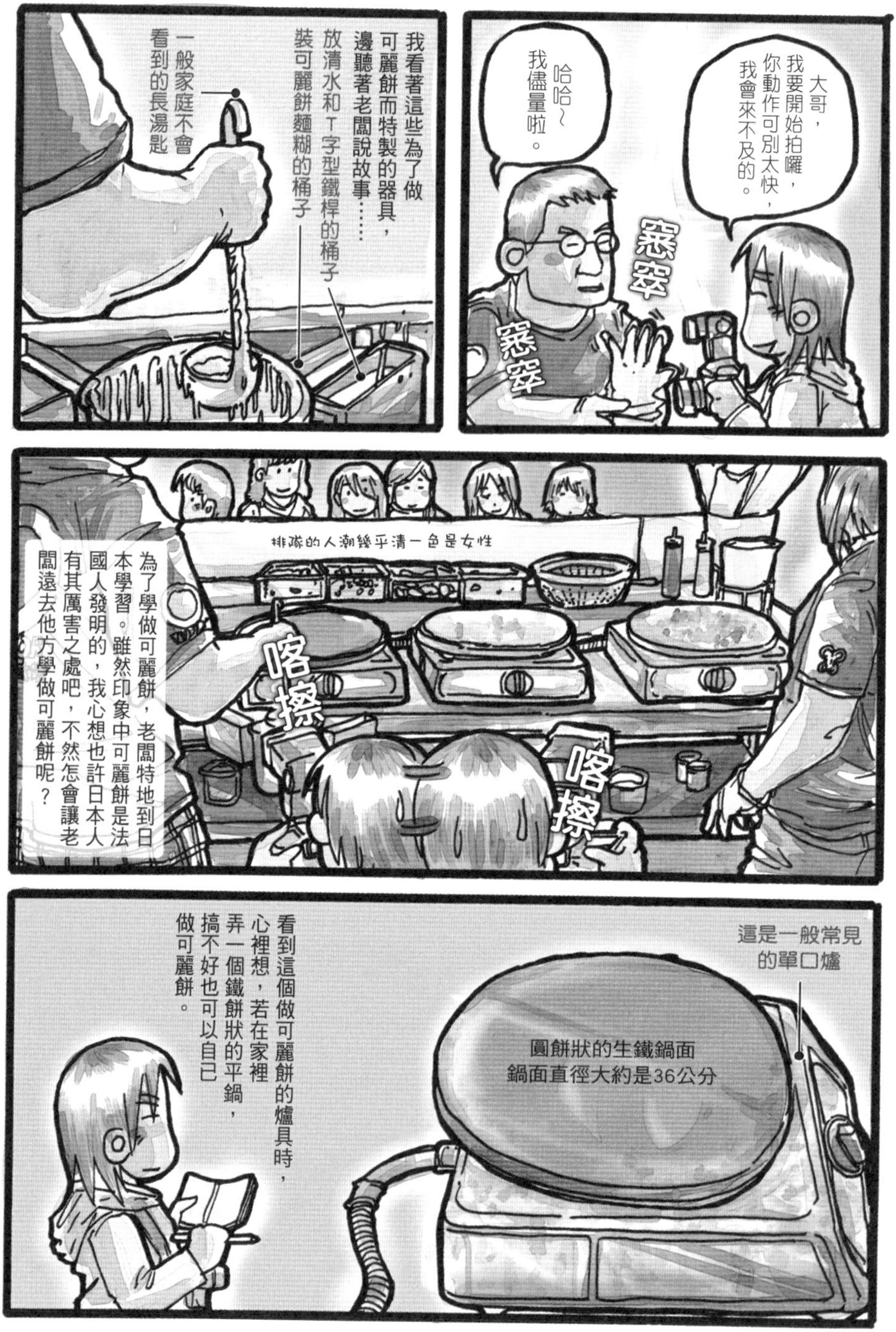
大哥，我要開始拍囉，你動作可別太快，我會來不及的。
哈哈～我儘量啦。
窸窣
窸窣
我看著這些為了做可麗餅而特製的器具，邊聽著老闆說故事……
放清水和T字型鐵桿的桶子
裝可麗餅麵糊的桶子
一般家庭不會看到的長湯匙
排隊的人潮幾乎清一色是女性
為了學做可麗餅，老闆特地到日本學習。雖然印象中可麗餅是法國人發明的，我心想也許日本人有其厲害之處吧，不然怎會讓老闆遠去他方學做可麗餅呢？
喀擦
喀擦
看到這個做可麗餅的爐具時，心裡想，若在家裡弄一個鐵餅狀的平鍋，搞不好也可以自已做可麗餅。
這是一般常見的單口爐
圓餅狀的生鐵鍋面
鍋面直徑大約是36公分

①
從盛滿麵糊的鍋子裡，挖起一匙的份量。
②
緊接地，用很快的速度把麵糊淋在鍋面上。
麵糊的材料啊，呵呵……
麵粉、雞蛋和牛奶的份量可是經過老闆精心研究的黃金比例。
③
用T字型棍子靈活地把麵糊劃平。
簌嚕～
啊啊啊～老闆，你動作太快了，我來不及畫啦～
急
忙
旋轉
④
大略地填滿鍋面後，再劃平修飾餅面。
這麼快就劃成圓平狀囉！
⑤
再來就是放起司片了，不論是哪一種口味的可麗餅，都會放上三片。
起司是一定要的啦～
口水
我點的是海陸總匯啦～
呼呼
⑥
緊接地就是放蟹肉絲和火腿片。

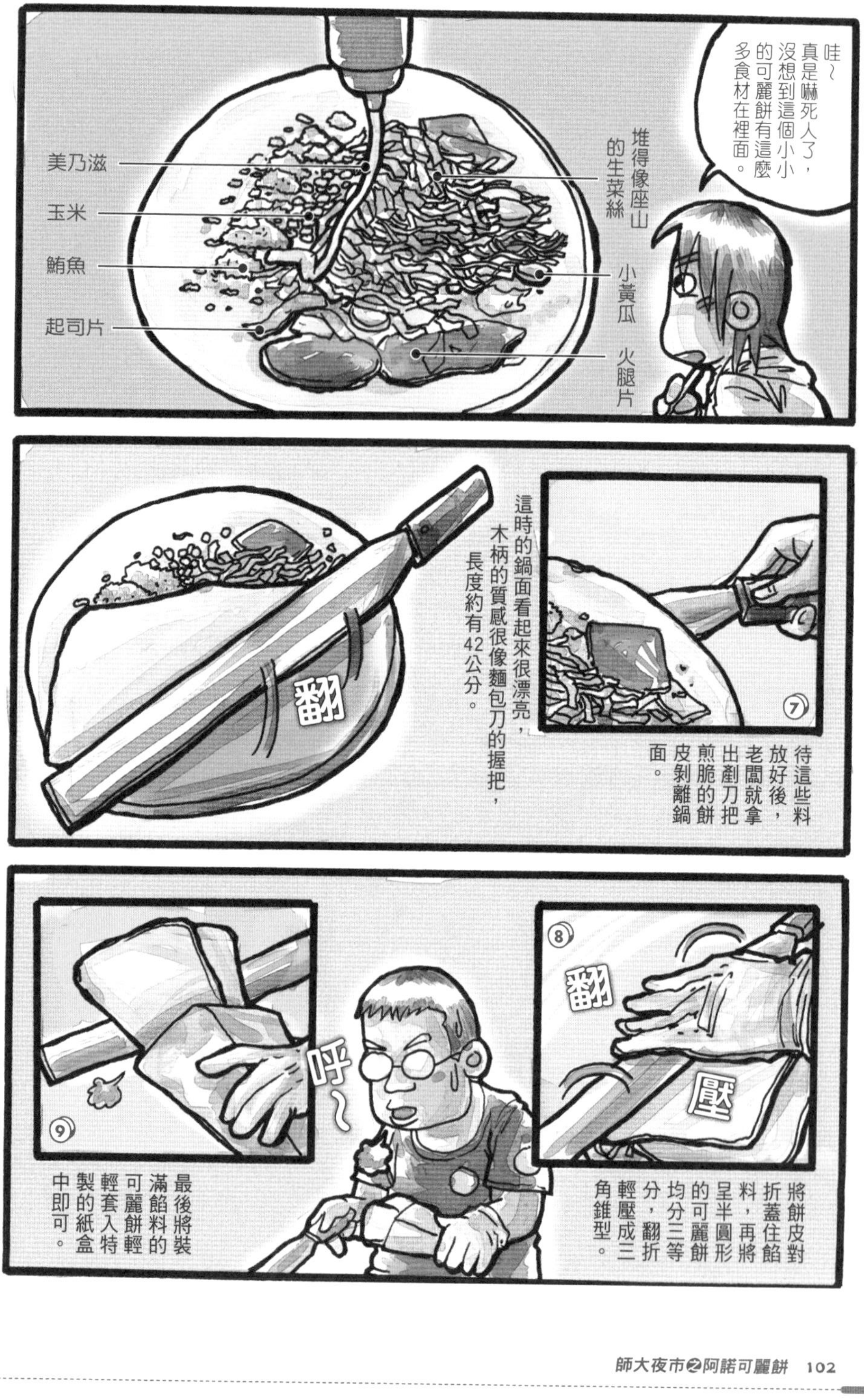
哇～真是嚇死人了，沒想到這個小小的可麗餅有這麼多食材在裡面。
堆得像座山的生菜絲
美乃滋
玉米
鮪魚
起司片
小黃瓜
火腿片
這時的鍋面看起來很漂亮，木柄的質感很像麵包刀的握把，長度約有42公分。
翻
7
待這些料放好後，老闆就拿出剷刀把煎脆的餅皮剝離鍋面。
8
翻
壓
將餅皮對折蓋住餡料，再將呈半圓形的可麗餅均分三等分，翻折輕壓成三角錐型。
呼～
9
最後將裝滿餡料的可麗餅輕輕套入特製的紙盒中即可。

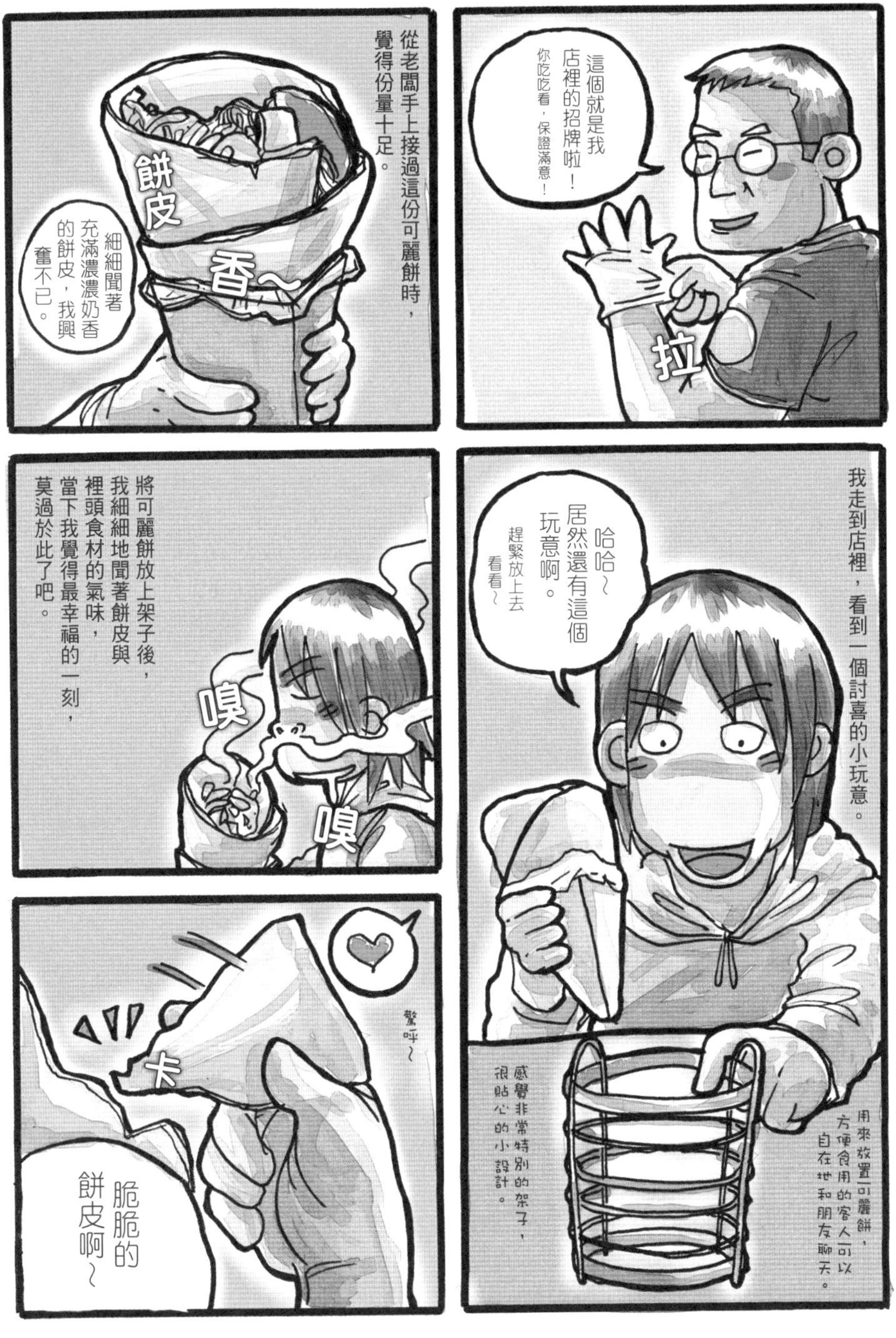
這個就是我店裡的招牌啦！
你吃吃看，保證滿意！
拉
從老闆手上接過這份可麗餅時，覺得份量十足。
餅皮
香~
細細聞著充滿濃濃奶香的餅皮，我興奮不已。
我走到店裡，看到一個討喜的小玩意。
哈哈~居然還有這個玩意啊。
趕緊放上去看看~
用來放置可麗餅，方便食用的客人可以自在地和朋友聊天。
感覺非常特別的架子，很貼心的小設計。
將可麗餅放上架子後，我細細地聞著餅皮與裡頭食材的氣味，當下我覺得最幸福的一刻，莫過於此了吧。
嗅
嗅
驚呼~
卡
脆脆的餅皮啊~

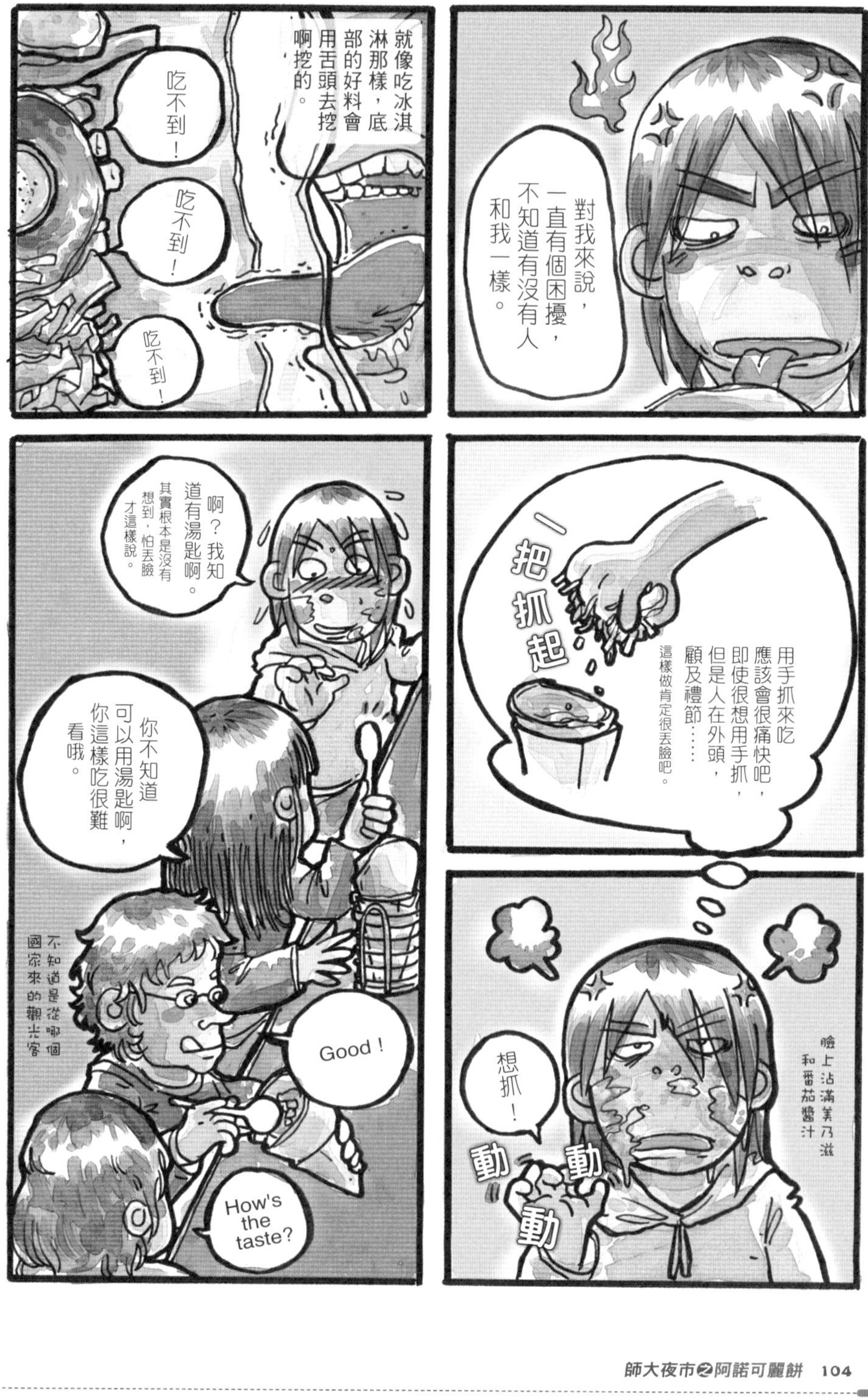
就像吃冰淇淋那樣，底部的好料會用舌頭去挖啊挖的。
吃不到！
吃不到！
吃不到！
對我來說，一直有個困擾，不知道有沒有人和我一樣。
How's the taste?
Good！
不知道是從哪個國家來的觀光客
你不知道可以用湯匙啊，你這樣吃很難看哦。
啊？我知道有湯匙啊。
其實根本是沒有想到，怕丟臉才這樣說。
一把抓起
用手抓來吃應該會很痛快吧，即使很想用手抓，但是人在外頭，顧及禮節……
這樣做肯定很丟臉吧。
臉上沾滿美乃滋和番茄醬汁
想抓！
動動動

突然覺得
自己很幸福，
生活在台灣，能享受便宜大碗，
又美味可口的台灣可麗餅。
不論何時，每當手上拿著可麗餅時，
似乎就無法分心做其他事了呢！

笑自己剛剛做了如此愚笨的行為，
竟然忘了用湯匙這個小東西來挖取。
白色塑膠小湯匙

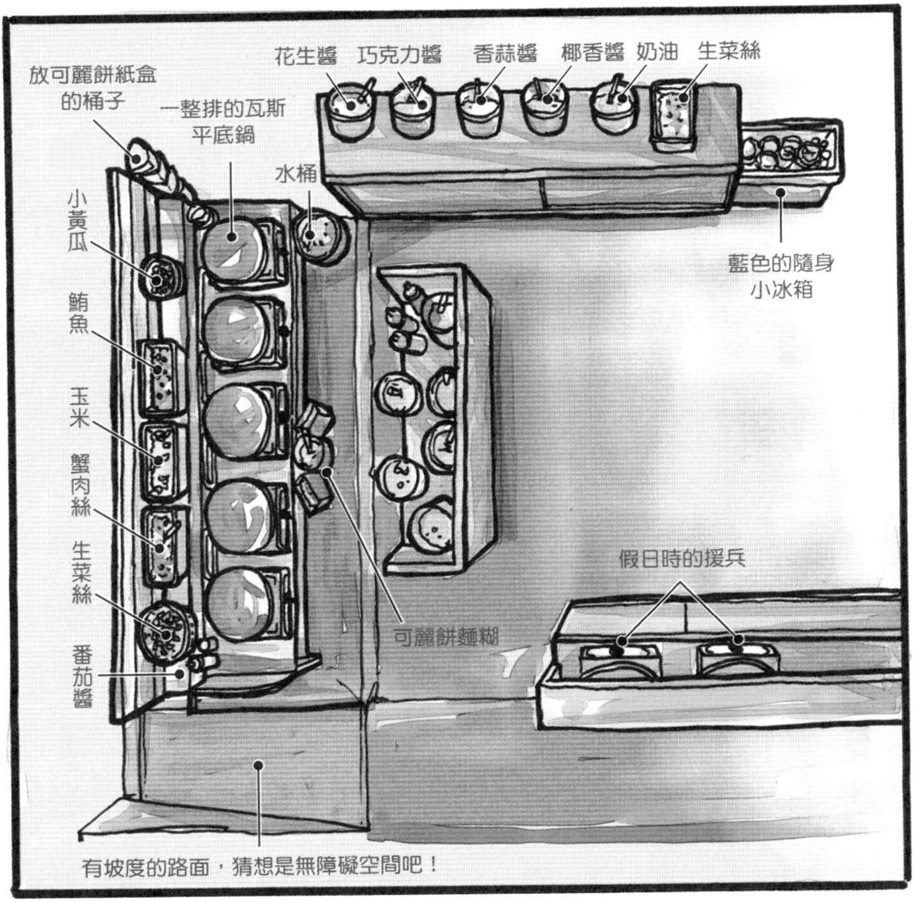

花生醬
巧克力醬
香蒜醬
椰香醬
奶油
生菜絲
放可麗餅紙盒的桶子
一整排的瓦斯平底鍋
水桶
藍色的隨身小冰箱
小黃瓜
鮪魚
玉米
蟹肉絲
生菜絲
番茄醬
可麗餅麵糊
假日時的援兵
有坡度的路面，猜想是無障礙空間吧！

歡迎蒞臨
景美觀光夜市
里長張水柳 鞠躬

Part 4. 景美觀光夜市

景美夜市，衣服飾品、五金日常百貨店面、各式飲食攤販都集中在景美街上，
內容包羅萬象、應有盡有，絕對滿足你的欲望。

"上海生煎包"

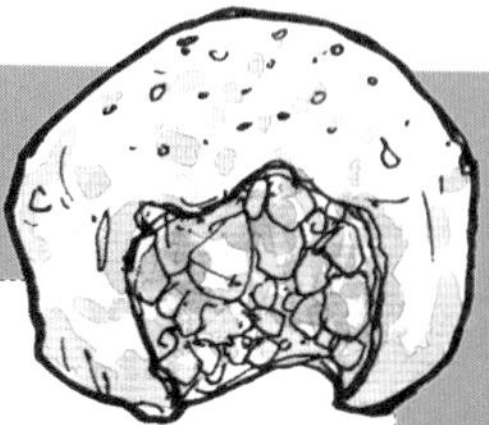

你曉得生煎包和水煎包其實不一樣嗎？
品嘗前，讓我們先做點功課。

【生煎包】
1. 生煎包是所謂的外省食物，多以上海生煎包名之。
2. 內餡的肉比較多，以肉為主，菜為輔。
3. 皮比較薄，表面通常有芝麻。
4. 僅一面煎焦黃，像包子。

【水煎包】
1. 水煎包則是台灣本地的產物。
2. 水煎包以高麗菜、胡蘿蔔、韭菜等蔬菜為主，通常不加肉而加蝦米。
3. 皮較厚，表面不加芝麻。
4. 兩面煎黃，扁平像圓柱。

第一次吃煎包，是小學二年級，不過當時吃的應該是水煎包。
按當時的物價，那時四顆才賣十塊錢。
當時，我如果早一點起床，就會跟著媽媽去市場看老闆做水煎包。
攤子窩在市場的一角，左邊是豬肉攤，轉角是賣菜的攤子。
說是小攤，其實是簡單的白鐵攤車，側旁二個大輪胎，後下方是放小瓦斯桶的架子。
小時候對這種攤子很感興趣，甚至天真地認為攤車的煎鍋大概只要蓋上木製的大鍋蓋，
就能變出好吃的煎包，大概因為那個時候很迷「小叮噹」（現在已經是「多啦A夢」），
便想像這個攤車是擁有超級功能的特殊道具。
後來，也不知道什麼原因，那個水煎包攤竟然收了。
儘管我還記得攤子位在市場一隅的模樣，
老闆娘頂著晚娘臉孔，披著亂髮，汗水偶爾滴到煎鍋的畫面。
長大後在台灣各地品嘗煎包，任憑它們再怎麼有名有料，都比不上兒時記憶裡，
那第一口的煎包滋味。
猜想，大概飲食也像談戀愛一樣，初次的體驗是最永誌難忘，
不論往後品嘗了多少次不同滋味。
現在，只要一吃起煎包，永遠都會憶及第一次從老闆手中接過煎包，
張口咬下的瞬間，內餡在嘴裡漫開的味道。

走進景美夜市，可以清楚地在轉角看到一家大約2坪大的三角窗店面，裡頭僅能容納一張大桌子，裡裡外外都有人在這個燈火通明的地方等待著。
景美上海生煎包
上海生煎包
每個10元
我們以前在附近唸書的ㄟ～
你確定是這一家嗎？

我要包菜的。
哇~有四個煎鍋啊，可見得愛吃生煎包的人不少，應該生意不錯。
上海生煎包正如其名，是仿上海人所吃的生煎包製作。
上海的口味是純韭菜。
這家的生煎包裡除了韭菜還有豬肉喔。
還有高麗菜口味呢！
你倆知道的還真多咧！
沒想到短短的談天時間，一轉頭，就看到攤位前都是滿滿的人潮了。
ㄟ，怎麼這麼多人啊！我該怎麼辦！
高麗菜兩個。
老闆，我要五個韭菜。

嗯，賣生煎包的小姐口音聽起來像大陸人，不曉的是哪個省份的。
那我說的話她聽得懂嗎？
ㄟ，我聽不懂ㄟ，可以再說一次嗎？
冒汗
老班在內面。
ㄟ，我們現在在忙ㄟ。
忙
忙
忙
忙
站在煎鍋前的我，被蒸氣蒸得腦子沒辦法思考。
在裡面嘛！
講了老半天，才搞懂小姐的意思。
你要找老班，老班在內面啦……
進去找老闆前，看到小姐拿鏟子鏟起要給客人的生煎包。
營業時間，「埋頭狂包」，幾乎是全體總動員，每顆生煎包都堅持新鮮現做。
煎
1個10元
往店裡一瞧，看到她們忙碌的身影，覺得打斷她們工作還蠻不好意思。
猶豫

嗯……
請問你們店開多久了？
採訪就這樣開始了。
我們在這裡開很久了……
這不是廢話嗎？
嗯……
那我可以拍照嗎？
緊張緊張
銳利的眼神
好！你拍吧！
哇哩勒，感覺像在採訪黑道大哥……還好他答應攝影，不然還真不知道該怎麼辦！
呼呼
老闆的手像在捏杯子似的，將麵團捏出一個空間來。
①
看清楚了沒有？
②
裝餡料的鍋子裡，肉餡跟高麗菜是分開的。這家店使用的是高麗菜梗，以增加餡料的爽脆感。

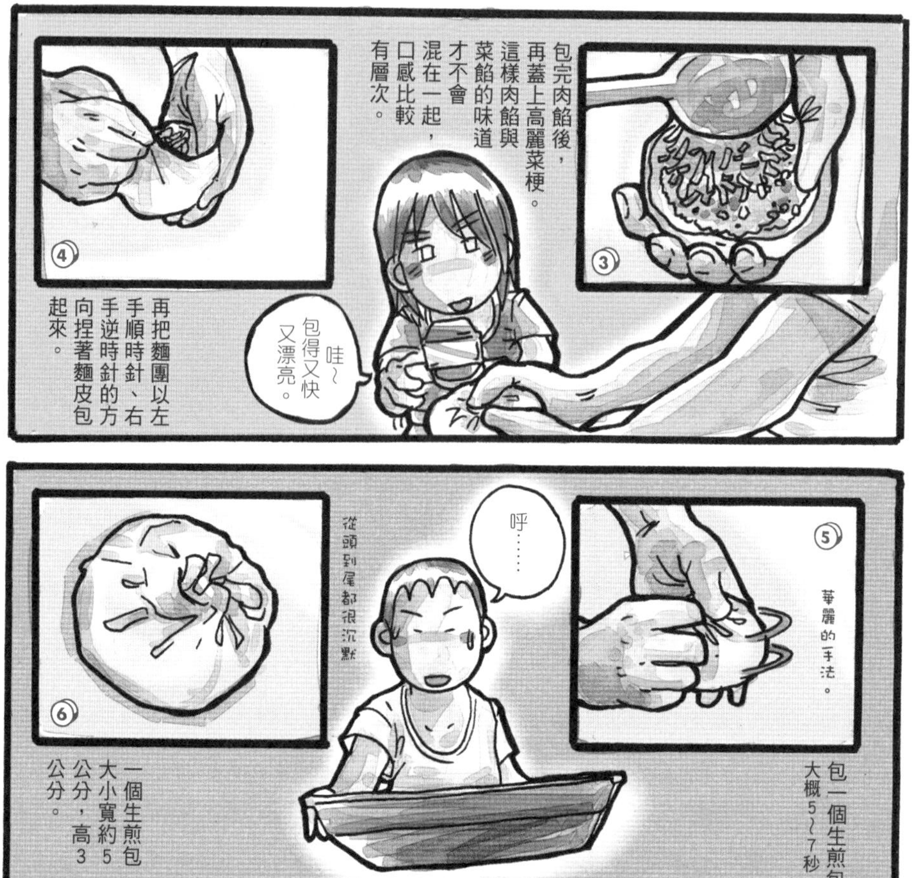

包完肉餡後，再蓋上高麗菜梗。這樣肉餡與菜餡的味道才不會混在一起，口感比較有層次。
③
④
哇～包得又快又漂亮。
再把麵團以左手順時針、右手逆時針的方向捏著麵皮包起來。
⑤
華麗的手法。
包一個生煎包大概5～7秒。
呼……
從頭到尾都很沉默
⑥
一個生煎包大小寬約5公分，高3公分。
料理台上看似紊亂的台面，卻沒想到她們的工作流程可以進行得這麼順利。
佩服不已

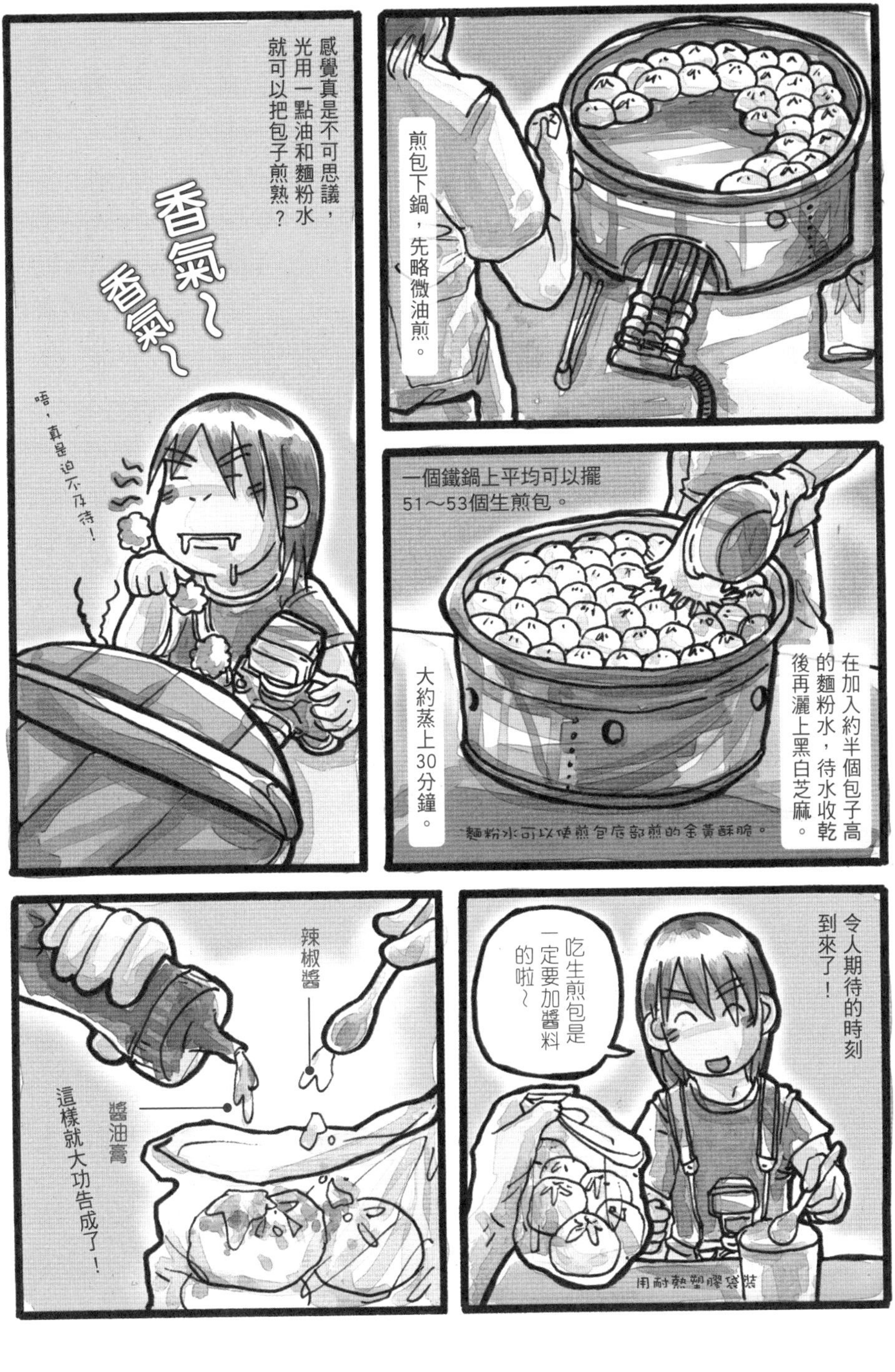
煎包下鍋，先略微油煎。
一個鐵鍋上平均可以擺51～53個生煎包。
在加入約半個包子高的麵粉水，待水收乾後再灑上黑白芝麻。
大約蒸上30分鐘。
麵粉水可以使煎包底部煎的金黃酥脆。
感覺真是不可思議，光用一點油和麵粉水就可以把包子煎熟？
香氣～
香氣～
唔，真是迫不及待！
令人期待的時刻到來了！
吃生煎包是一定要加醬料的啦～
用耐熱塑膠袋裝
辣椒醬
醬油膏
這樣就大功告成了！

這看起來好可愛喔！
冒汗
我在這附近唸書唸這麼久還沒吃過這裡的生煎包。
她們真的在這邊唸過書嗎？
看到生煎包裡的餡料才發現，為什麼高麗菜絲要包在最上面，如果菜跟肉攪在一起，在煎鍋底部這麼高的溫度下，就會喪失高麗菜本身的脆甜。
一回頭，望著忙碌的身影，看似一間不起眼的小店，卻可以從她們手中創造出這麼美味的食物。
感動
沒想到你會留活口給我！
哈哈哈
謝謝啦！
Toby，我們有留一個給你喔！
感動吧！
吃生煎包，當然是要大口咬定啊！
這樣才過癮！
滑溜

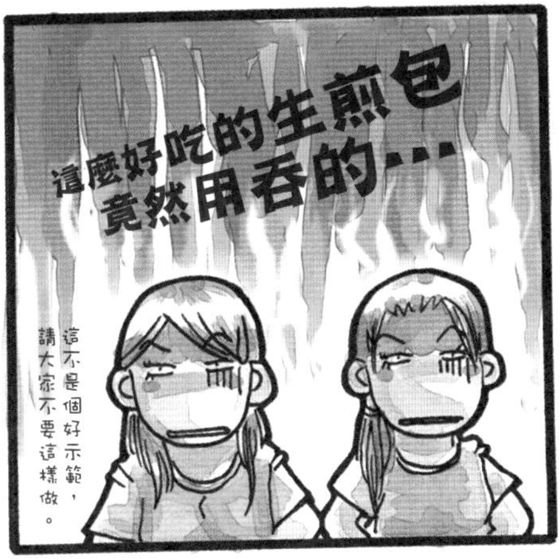
這麼好吃的生煎包
竟然用吞的…
這不是個好示範，請大家不要這樣做。

唔……
唔…這家生煎包好像大了點…

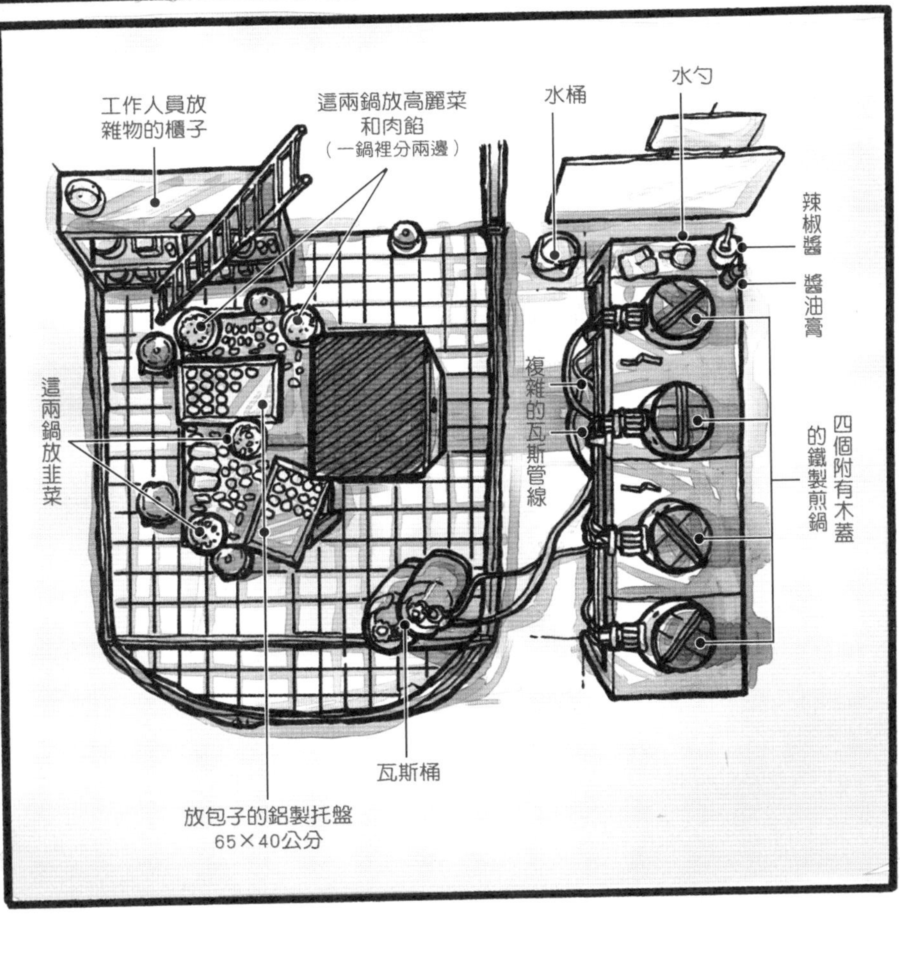
工作人員放雜物的櫃子
這兩鍋放高麗菜和肉餡（一鍋裡分兩邊）
水桶
水勺
辣椒醬
醬油膏
這兩鍋放韭菜
複雜的瓦斯管線
四個附有木蓋的鐵製煎鍋
瓦斯桶
放包子的鋁製托盤
65×40公分

夜市

Part 5. 華西街觀光夜市

華西街觀光夜市，台灣最著名的觀光夜市，位於台北市龍山寺附近，
入口處為中國傳統牌樓建築，以販賣山產海鮮聞名，各國觀光客的最愛。

“源芳割包”

割包，也稱作刈包，一般人慣以台語讀作「掛包」，是源自福州的小吃，
在台灣是尾牙的應景食物，也是街頭經常可見的小吃，
而通常賣刈包的店家或小攤，一定都有賣四神湯，兩者彷彿是最佳拍檔。
在萬華那個繁華落盡的一角，與源芳割包的老闆聊到關於老艋舺的種種。
我說，老闆的四神湯與刈包很有味道，但是這家店的地點不太好咧，真是可惜。
一旁繼承老闆經營小攤的姪女笑了，說我大概不是那麼清楚這一帶舊日的地緣。
她說，在他們攤子對面的巷子，是當年萬華有名的紅燈戶。
那時每個逛完花街的男人，都會到他們攤上吃上一碗四神湯與刈包。
我往她手指的方向望去，現在只剩孤燈暗影。
我是沒見識過紅燈戶，印象中也只看過報章媒體的報導。
和老闆告別後，便興沖沖地往那巷子走去。
巷子不長，我一邊走，一邊想像這街早年的光景。
但是，眼前看到的盡是殘破低矮的屋子。巷子裡什麼聲音也沒有，
我只是往這巷子一轉，華西街上的喧鬧就與這裡無關了。
我又閃又躲地走，就在離開前在左手邊看到一間情趣商店，一個老男人認真地看著櫥窗。
他極為專注地看著。我再看遠一些，則是一間又一間的山產、海鮮店。
心裡不覺一陣抖笑，食與色其實共生一體，這般聯想之下，也難怪萬華這兒的美食會如此不同。

源芳割包
豬肚湯 50
小肚湯 40
豬腸湯 45
四神湯 40
30
位在華西街夜市的尾端，沒有豪華的店面，自一九五六年營業迄今，也是將近五十年的老店。

二年前，我在走逛夜市時，就被這小攤復古的白色瓷磚台面和蒸籠給吸引。感覺像是鄉下的廚房，讓我倍感親切。喝了四神湯、吃了刈包後更加深我對這味道的懷念。

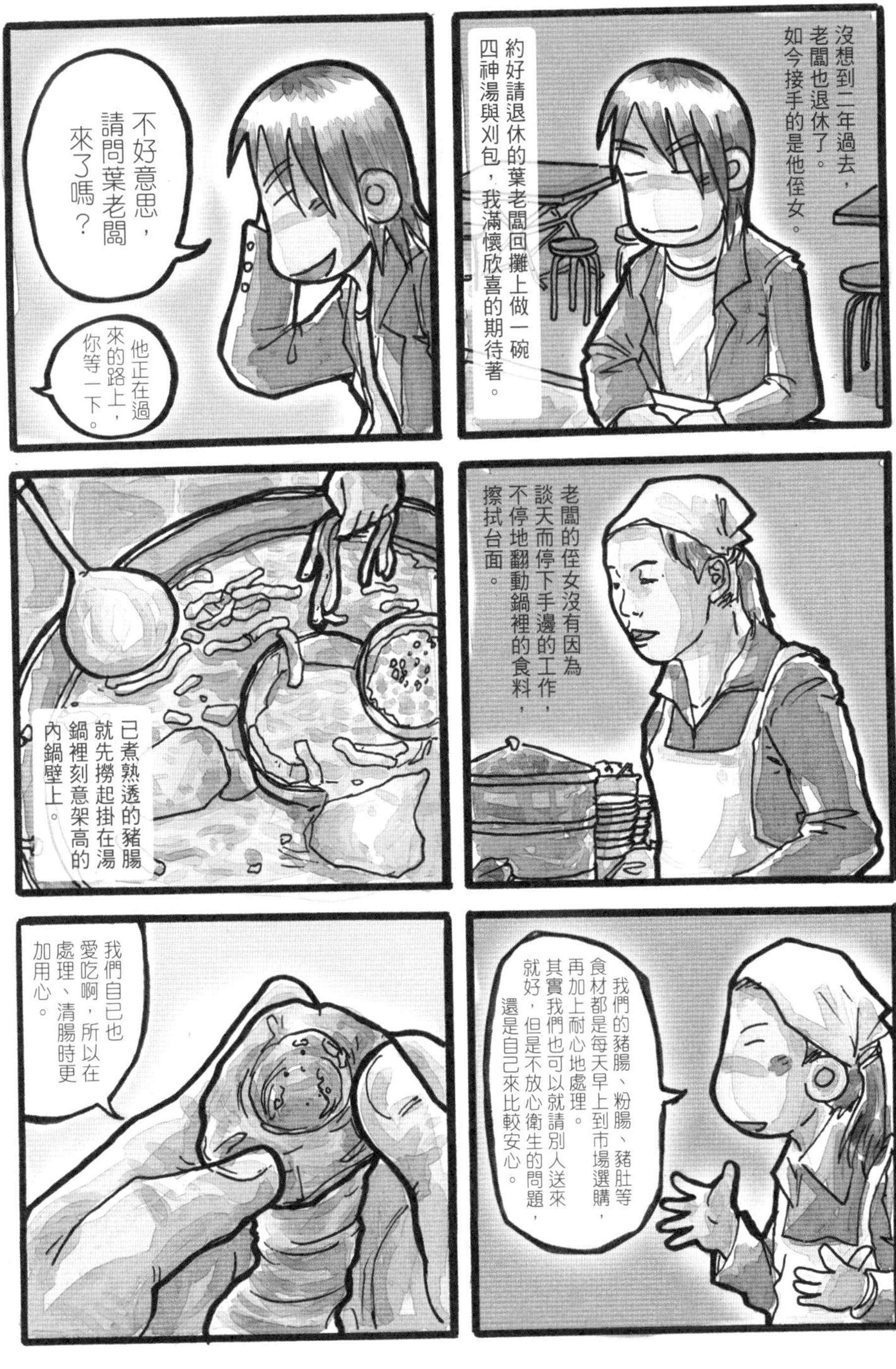
沒想到二年過去，老闆也退休了。如今接手的是他侄女。
約好請退休的葉老闆回攤上做一碗四神湯與刈包，我滿懷欣喜的期待著。
不好意思，請問葉老闆來了嗎？
他正在過來的路上，你等一下。
老闆的侄女沒有因為談天而停下手邊的工作，不停地翻動鍋裡的食料，擦拭台面。
已煮熟透的豬腸就先撈起掛在湯鍋裡刻意架高的內鍋壁上。
我們的豬腸、粉腸、豬肚等食材都是每天早上到市場選購，再加上耐心地處理。其實我們也可以就請別人送來就好，但是不放心衛生的問題，
還是自己來比較安心。
我們自已也愛吃啊，所以在處理、清腸時更加用心。

你們每週固定休星期三啊？
招牌上寫著週三休息。
星期三不營業，不過我都是在家切芥菜，常常切到手酸破皮。
呼～
喀
酸菜還是親手做的好用油和糖燜著，那滋味更是不同。
這是五花肉嗎？
口水
香
香
滷肉是用手一片一片地切，用的是豬的頸項肉。五花肉太油，肉質也沒有頸項肉來得有彈性。
緩步走來
叔叔到了。
轉頭
哇，終於來了！
驚喜
可以看到老闆真是太好了，我很期待你做的四神湯與刈包咧！

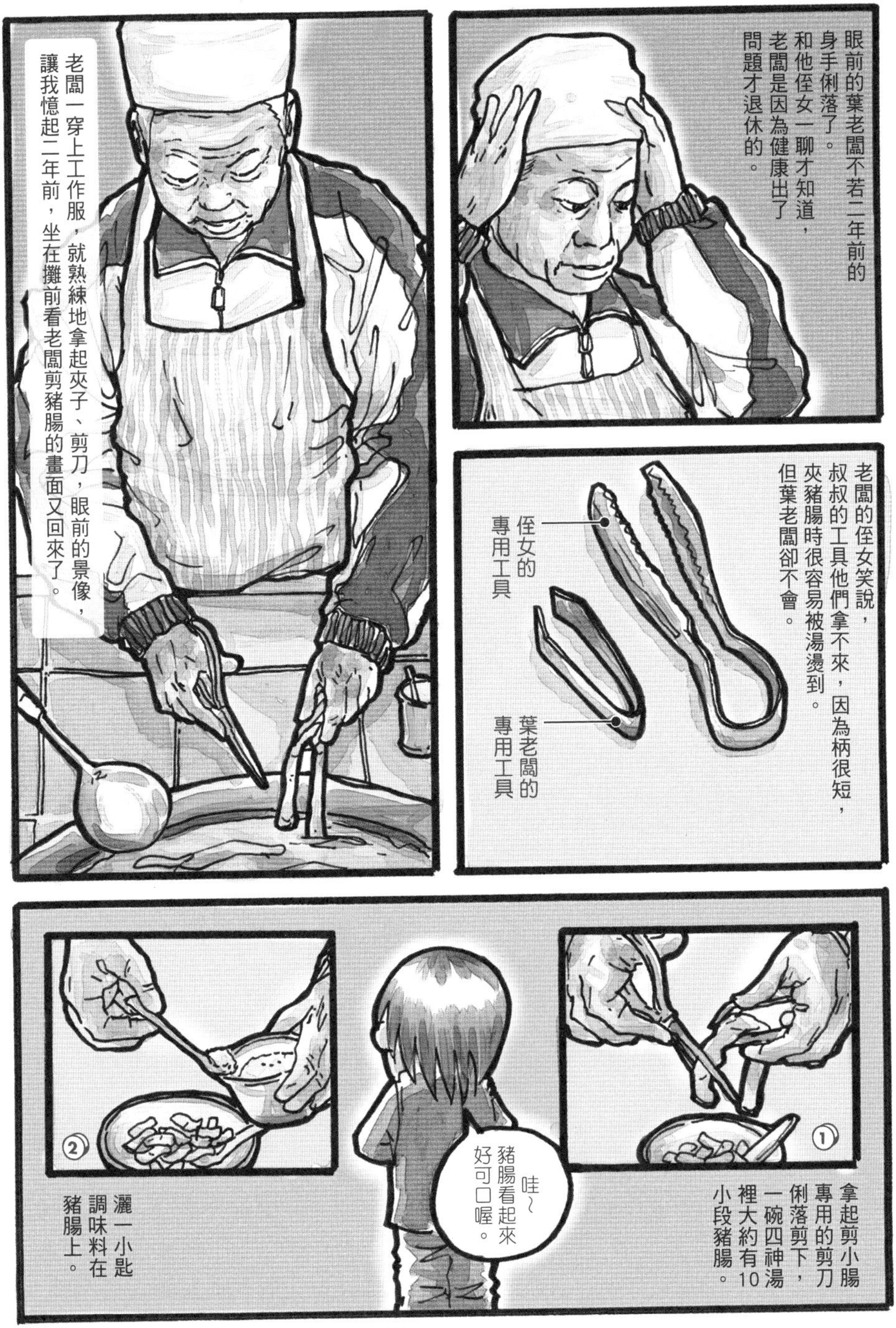
眼前的葉老闆不若二年前的身手俐落了。和他侄女一聊才知道，老闆是因為健康出了問題才退休的。
老闆的侄女笑說，叔叔的工具他們拿不來，因為柄很短，夾豬腸時很容易被湯燙到。但葉老闆卻不會。
侄女的專用工具
葉老闆的專用工具
老闆一穿上工作服，就熟練地拿起夾子、剪刀，眼前的景像，讓我憶起二年前，坐在攤前看老闆剪豬腸的畫面又回來了。
①
拿起剪小腸專用的剪刀俐落剪下，一碗四神湯裡大約有10小段豬腸。
哇~豬腸看起來好可口喔。
②
灑一小匙調味料在豬腸上。

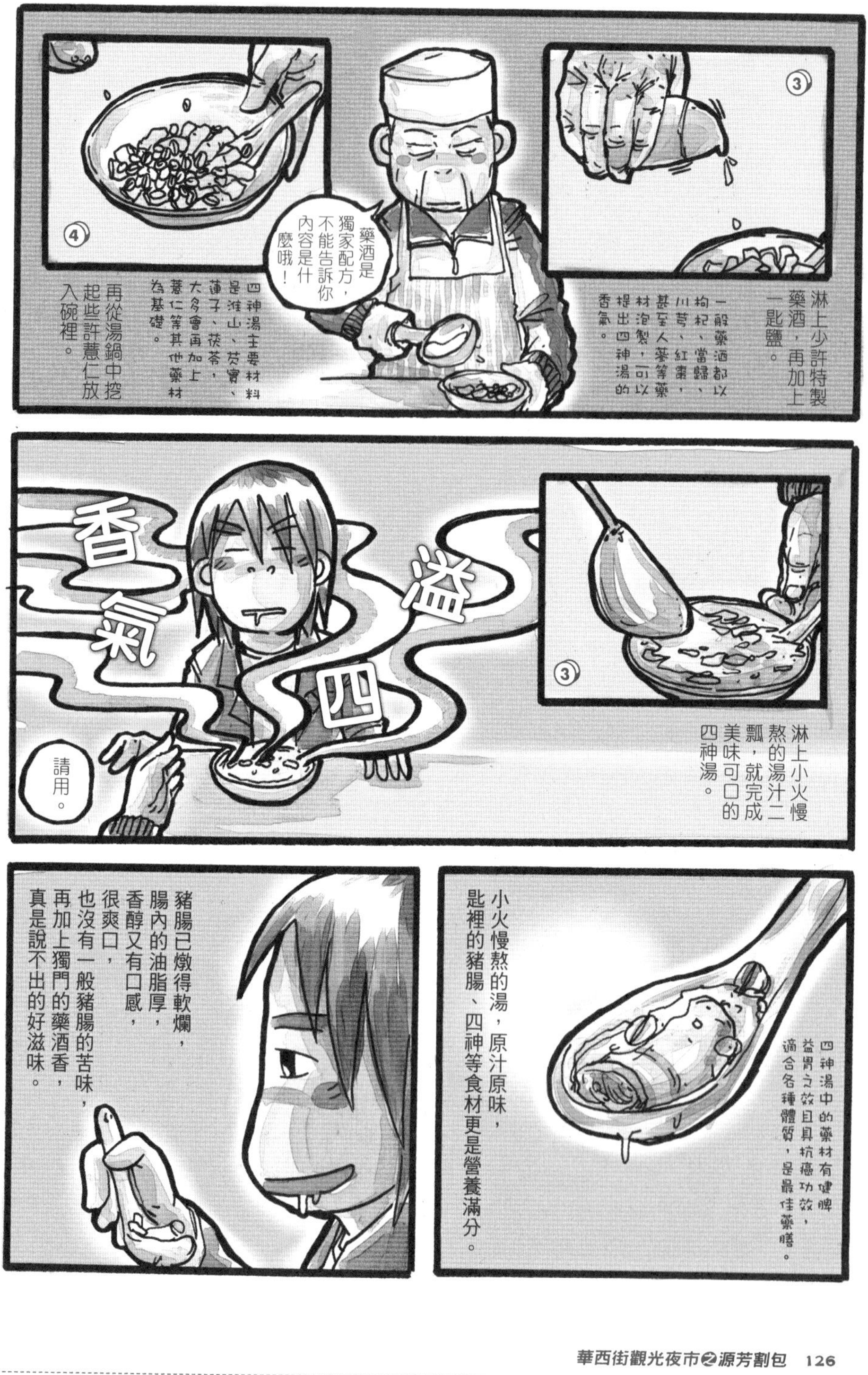
淋上少許特製藥酒，再加上一匙鹽。
一般藥酒都以枸杞、當歸、川芎、紅棗甚至人蔘等藥材泡製，可以提出四神湯的香氣。
藥酒是獨家配方，不能告訴你內容是什麼哦！
四神湯主要材料是淮山、芡實、蓮子、茯苓，大多會再加上薏仁等其他藥材為基礎。
再從湯鍋中挖起些許薏仁放入碗裡。
淋上小火慢熬的湯汁二瓢，就完成美味可口的四神湯。
香氣四溢
請用。
小火慢熬的湯，原汁原味，匙裡的豬腸、四神等食材更是營養滿分。
四神湯中的藥材有健脾益胃之效且具抗癌功效，適合各種體質，是最佳藥膳。
豬腸已燉得軟爛，腸內的油脂厚，香醇又有口感，很爽口，也沒有一般豬腸的苦味，再加上獨門的藥酒香，真是說不出的好滋味。

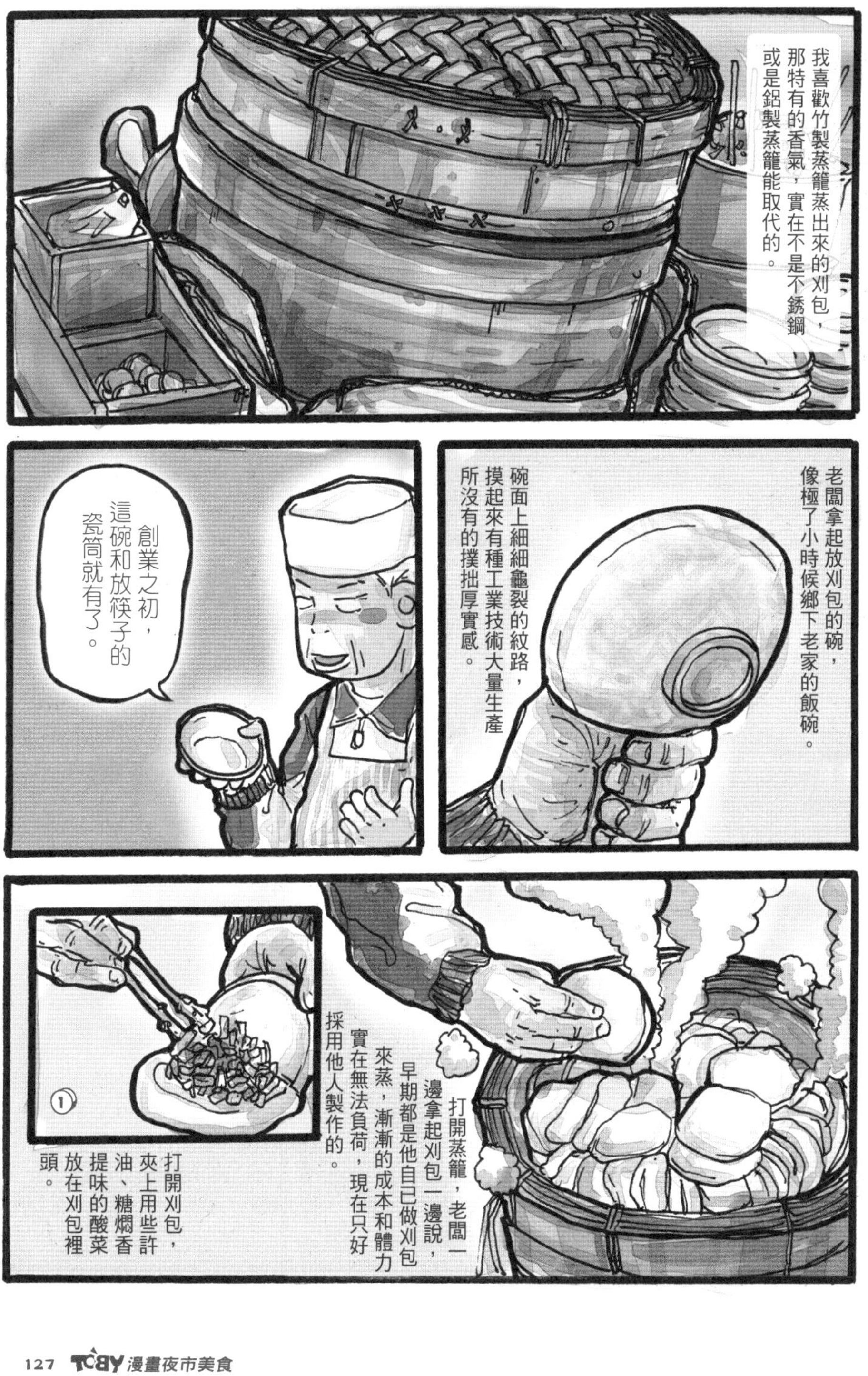
我喜歡竹製蒸籠蒸出來的刈包，那特有的香氣，實在不是不銹鋼或是鋁製蒸籠能取代的。
老闆拿起放刈包的碗，像極了小時候鄉下老家的飯碗。
碗面上細細龜裂的紋路，摸起來有種工業技術大量生產所沒有的樸拙厚實感。
創業之初，這碗和放筷子的瓷筒就有了。
打開蒸籠，老闆一邊拿起刈包一邊說，早期都是他自已做刈包來蒸，漸漸的成本和體力實在無法負荷，現在只好採用他人製作的。
①
打開刈包，夾上用些許油、糖燜香提味的酸菜放在刈包裡頭。

②
放上肥瘦相間的豬頸肩肉，淋上甜麵醬。
③
再灑上細細的花生粉。
④
再放上些許的香菜，包夾起來就是美味滿分的中國漢堡——刈包。
古早味的氣息，真令人懷念啊。
熱騰騰、鬆軟的刈包，夾著滷到香透的頸項肉，搭配酸菜、花生粉與有著特殊香氣的香菜。
我從小就和哥哥一起跟在賣刈包的叔叔身旁當學徒。
學成之後，兩兄弟便在和平西路創業開店。
員
證
中華民國四十七年度製用
一九六九年搬遷至華西街。

話說完，葉老闆就退下工作服，
準備慢慢走回家。
老闆的背影就像是真實人生的縮影。
看著眼前的四神湯和刈包，
我珍惜地吃著。

豬肚湯
50
小肚湯
40
45
40
滋味鮮美的四神湯，以及各式配料融合的恰到好處的刈包，
原來有著濃濃兄弟情誼。

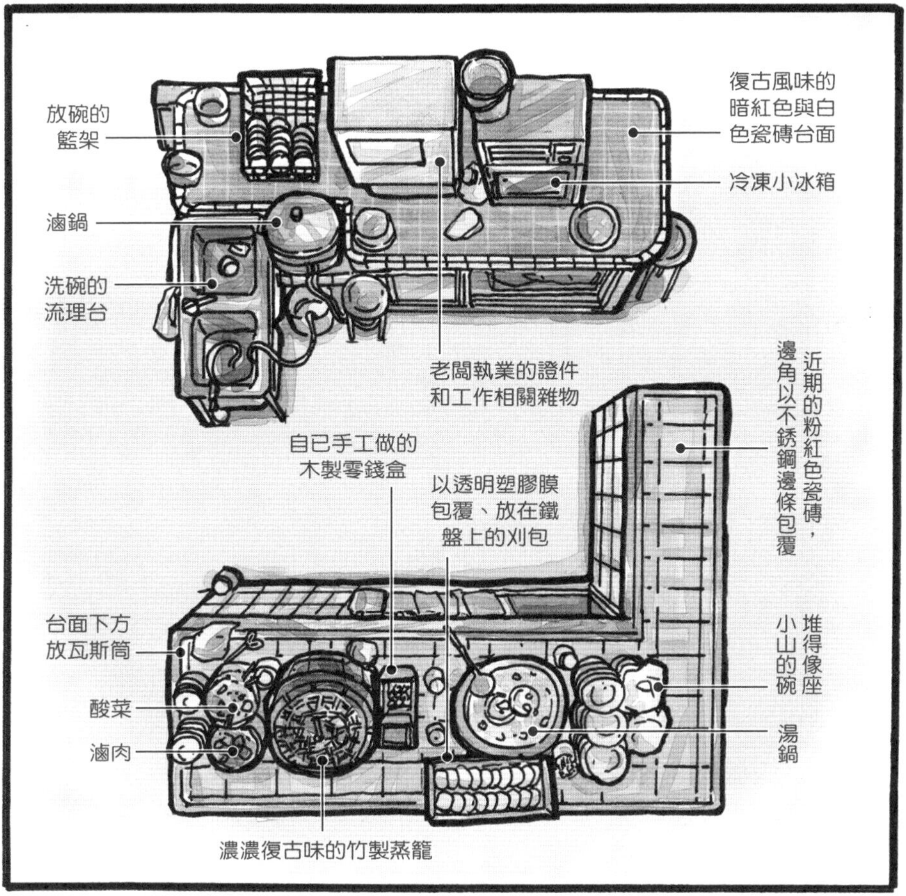
放碗的監架
滷鍋
洗碗的流理台
復古風味的暗紅色與白色瓷磚台面
冷凍小冰箱
老闆執業的證件和工作相關雜物
近期的粉紅色瓷磚，邊角以不銹鋼邊條包覆
自已手工做的木製零錢盒
以透明塑膠膜包覆、放在鐵盤上的刈包
台面下方放瓦斯筒
酸菜
滷肉
堆得像座小山的碗
湯鍋
濃濃復古味的竹製蒸籠

"陳記專業蚵仔麵線"

蚵仔麵線，臺灣俗稱「麵線糊」，是最平凡的大眾食物，
卻成了無比珍貴的思念與懷鄉的代表性美食。
第一次吃麵線，是在家附近的市場。當時一碗賣十二塊，比起黑糖饅頭、
四塊錢的菜包、四個十元的水煎包，算是相當高價位的早餐，
除非媽媽想吃，不然我多半是沒啥機會品嘗的。
蚵仔麵線，有紅麵線也有白麵線，有濃羹有清湯，
蚵仔也許有分大小，大腸也許若有似無。
但，這味道就像是不分東南西北，在台灣各地的市集或是路邊攤都一定找得到。
熱騰騰的麵線滑溜順口，加上烏醋、蒜末、香菜等調味料，彷彿人間美味。
吃一口蚵仔麵線，眼前浮現的也許是廟口前嘈雜的夜市，
老闆可能是位老伯或是大嬸；
也可能是在喧鬧的夜市之中，和情人你一口我一口的你儂我儂，
那一刻，蚵仔麵線就是誘人的珍饈；而在異鄉的深夜，又成了一碗濃郁的鄉愁。
雖然只是一份路邊攤的平民小吃，卻是許多人最原始的美食記憶。

萬華
陳
專業
蚵仔麵
164
陳記專業麵線
老闆，大碗二份。
嘩
嘩
靠近華西街觀光夜市，和平西路上不顯眼的住家騎樓，一個店面不大，經常人滿為患，大排長龍的蚵仔麵線店。這家專賣蚵仔麵線的小店雖然不在夜市裡頭，卻是到萬華逛夜市絕對不可錯過的道地小吃。

也有遠道慕名而來的客人，路旁的汽、機車也隨著車主下車買麵線而大排長龍，形成有趣的畫面。
每個購買麵線的客人，他們的表情都和老闆一樣專注。不論男女老少，視線都會往麵線鍋望著。專注在麵線的製作，期待老闆比平常多給一些大腸頭、蚵仔好料，像是看表演，更像是期待禮物一般。
奇怪，這個店面位置不佳，雖然靠近夜市但不在市場裡頭，離龍山寺、辦公大樓等人潮聚集處也還有些距離，應該沒有太多過路客，簡直是「前不著村，後不著店」的麵線店。可是，生意竟然這麼好。
老闆，沒有加蒜吧？
放心，沒有加蒜。來，兩碗一共是80元。

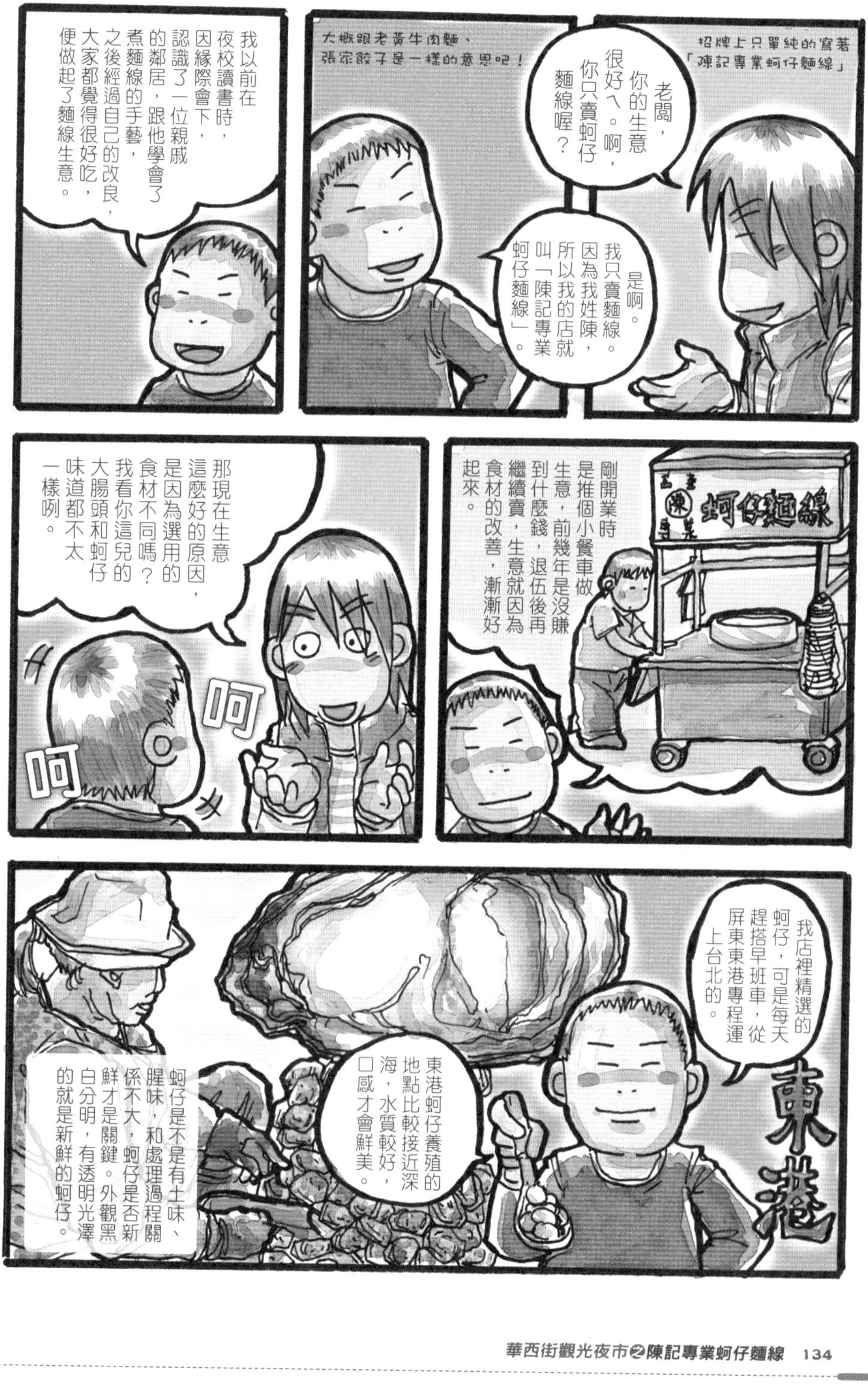
招牌上只單純的寫著「陳記專業蚵仔麵線」
老闆，你的生意很好ㄟ。啊，你只賣蚵仔麵線喔？
是啊。我只賣麵線。因為我姓陳，所以我的店就叫「陳記專業蚵仔麵線」。
大概跟老黃牛肉麵、張家餃子是一樣的意思吧！
我以前在夜校讀書時，因緣際會下，認識了一位親戚的鄰居，跟他學會了煮麵線的手藝，之後經過自己的改良，大家都覺得很好吃，便做起了麵線生意。
剛開業時是推個小餐車做生意，前幾年是沒賺到什麼錢，退伍後再繼續賣，生意就因為食材的改善，漸漸好起來。
蚵仔麵線
那現在生意這麼好的原因，是因為選用的食材不同嗎？我看你這兒的大腸頭和蚵仔味道都不太一樣咧。
呵
呵
我店裡精選的蚵仔，可是每天趕搭早班車，從屏東東港專程運上台北的。
東港
東港蚵仔養殖的地點比較接近深海，水質較好，口感才會鮮美。
蚵仔是不是有土味、腥味，和處理過程關係不大，蚵仔是否新鮮才是關鍵。外觀黑白分明，有透明光澤的就是新鮮的蚵仔。

根據托比的市調，美國進口的大腸頭比大陸來的大腸頭，價格幾乎是一倍以上。
至於大腸頭呢，目前國內的大腸頭有95%以上是進口的，主要是從美國、東南亞和大陸進口，店裡選用的是品質和衛生都最好的美國大腸頭。
外型漂亮又厚大的大腸頭
採用獨家祕方快煮，再以最好的比例調出濃淡適中的湯頭，讓一條條的麵線滑溜順口。
店裡選用的是蒸過的手工紅麵線，不但久煮不爛，口感也會特別的香Q。
原來如此~
其實麵線好吃的祕密，除了食材外，最根本的原因在於家傳祕方的湯底。我都是用豬大骨熬煮湯底。
托比是好奇寶寶！
老闆，可以參觀一下你的冰箱嗎？

這是哪來的怪人，竟然要看冰箱。
你若要看大腸頭和蚵仔，因為現在已經快關店了，所以都早已處理完畢囉。
沒關係，我是想看看冰箱的擺設，沒別的意思啦。
這樣的話，那好吧。
喀
全部都是大腸頭
東港蚵仔
熬湯用的豬大骨和魚骨
蔥
東港的蚵仔
蒜醬
蔥花
哇～冰箱內各項食材放置的井然有序。袋裡每根大腸都很乾淨，蚵仔、蔥、醬的位置都沒有交雜擺放，不得不認同這裡對食材衛生的重視。
老闆啊，我想看看你這邊的廚房，不知道可不可以咧～
期待
搓
摸
你想看廚房啊，可以啊。
今天的麵線都賣完了，這會兒也沒在煮喔。

店面後方熬煮麵線的台面，是用水泥加鋼筋架起來的，牆面也用不銹鋼板圍起來。
由於每天使用超過十幾個小時，長時間的高溫下，水泥台面會慢慢崩脫，所以每年要重蓋一次。
老闆，請問你的麵線是怎麼製作的呢？
首先，我們要先備好大骨、手工麵線、蝦米、油蔥酥、大腸、蚵仔、香菜。
湯頭前製處理：用魚骨和大骨熬湯。
用大骨熬製而成的湯頭，口感特別香甜，是麵線好吃的真正幕後英雄。
①
大腸頭的處理：
先將大腸頭內部油脂仔細去除，清洗、瀝乾。用水煮30分鐘後，泡入冷水、瀝乾；再次去油；滷2至3小時；最後一條條切成小段。

2
蚵仔洗淨，沾上太白粉，下鍋煮熟。
3
將麵線放入滾水中煮約20分鐘。再加入蝦米、油蔥酥。
勾芡的技巧很重要，如果火候不夠，勾芡不均勻，就會造成芡汁和麵線分離，這樣就不好吃了，成功的情況是芡汁和麵線會連在一起。
4
最後加入太白粉勾芡。
經過每道講究細節的過程後，才會搬上攤子，提供客人最好的美食。只見老闆左手握著鋼杯，精確地舀出份量。
5
麵線盛碗後，放入許多的大腸頭。
6
加入肥美的東港蚵仔、再加些蒜泥。
7
最後灑上少許香菜，就完成好吃的麵線囉！

結束營業前，
排隊人潮仍舊。
坐在店內享用麵線的模樣，
也許讓排隊的客人們看的更是饑腸轆轆。
這一碗麵線，
大腸肉質厚實、
蚵仔滑嫩爽口，
麵線羹軟透熱呼，
湯頭細緻鮮甜，
主角配料相得益彰，
難怪老闆招牌
敢寫上「專業」兩字。

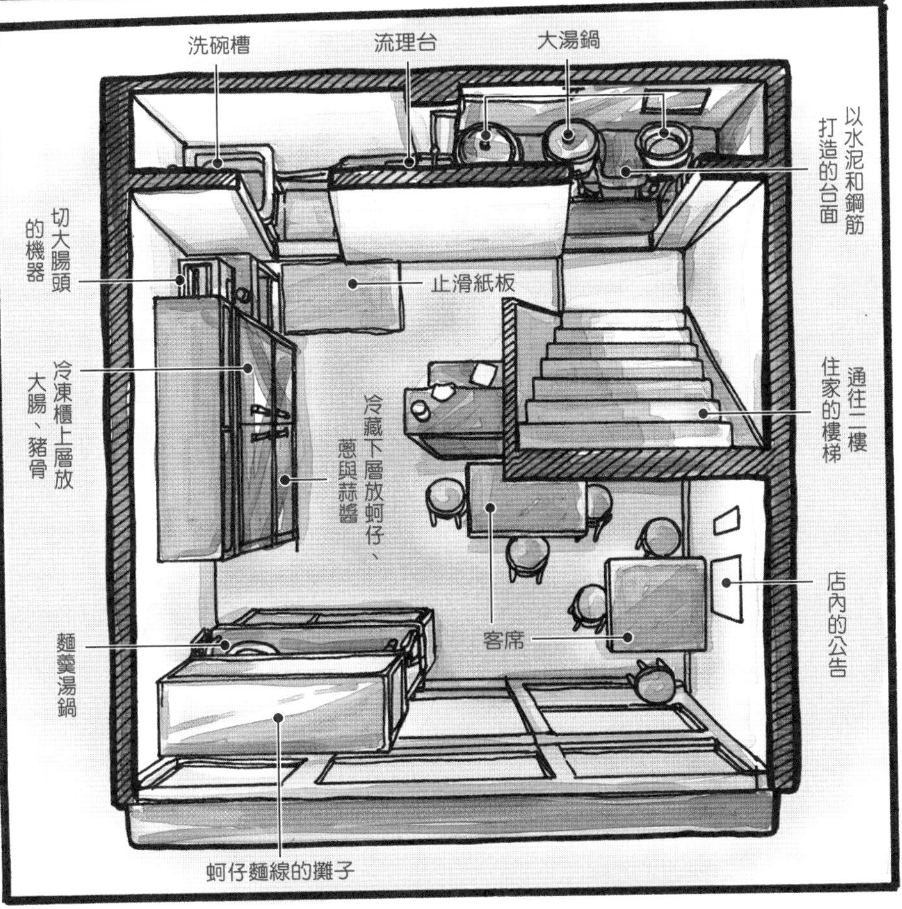
洗碗槽
流理台
大湯鍋
以水泥和鋼筋打造的台面
切大腸頭的機器
止滑紙板
冷凍櫃上層放大腸、豬骨
冷藏下層放蚵仔、蔥與蒜醬
通往二樓住家的樓梯
店內的公告
客席
麵羹湯鍋
蚵仔麵線的攤子

TOBY漫畫夜市美食

作　者─TOBY
主　編─林明月
編輯協力─曹慧、張震洲
美術設計─bbcc Studio
行銷企畫─張震洲
董事長
發行人─孫思照
總經理─莫昭平
總編輯─林馨琴
出版者─時報文化出版企業股份有限公司
10803台北市和平西路三段二四〇號三樓
發行專線─（〇二）二三〇六─六八四二
讀者服務專線─〇八〇〇─二三一─七〇五・（〇二）二三〇四─七一〇三
讀者服務傳真─（〇二）二三〇四─六八五八
郵撥─一九三四四七二四時報文化出版公司
信箱─台北郵政七九～九九信箱
時報悅讀網─http://www.readingtimes.com.tw
電子郵件信箱─know@readingtimes.com.tw
法律顧問─理律法律事務所　陳長文律師、李念祖律師
印　刷─詠豐彩色印刷有限公司
初版一刷─二〇〇八年二月十二日
定　價─新台幣二二〇元
⊙行政院新聞局局版北市業字第八〇號

國家圖書館出版品預行編目資料

TOBY漫畫夜市美食 / TOBY著
-- 初版 -- 臺北市：時報文化，2008.02

面；公分
ISBN 978-957-13-4802-5（平裝）
1.餐飲業 2.小吃 3.台灣
483.8　　97001631

ISBN ：978-957-13-4802-5
Printed in Taiwan